U0144707

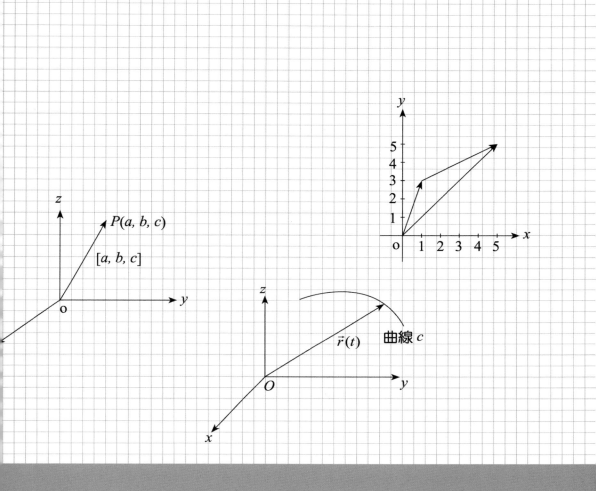

第一次學
工程數學就上手(4)
向量分析與偏微分方程式

林振義　著

五南圖書出版公司 印行

序言

　　我利用「SOP 閃通教學法」教我們系上的工程數學課，學生普遍反應良好。學生在期末課程問卷上，寫著「這堂課真的幫了大家不少，以為工數很難，但在老師的教導下，工數就跟小學的數學一樣的簡單，這真的都是拜老師所賜的呀！」「老師很厲害，把一科很不容易學會的科目，一一講解的很詳細。」「老師謝謝您，讓我重新愛上數學。」「高三那年我放棄了數學，自從上您的課後，開始有了變化，而且還有教學影片可以在家裡複習，重點是上課也很有趣。」「一直以來我的數學是學過就忘，難得有老師可以讓我學之後記得那麼久的。」「老師讓工程數學變得非常簡單。」我們的前工學院李院長（目前任教於中山大學）說：「林老師很不容易，將一科很硬的科目，教得讓學生滿意度那麼高。」

　　我也因而得到了：教育部 105 年師鐸獎、第十屆星雲教育獎、明新科大 100、104、107、109、111 學年度教學績優教師、技職教育熱血老師、私校楷模獎等。我的上課講義《微分方程式》、《拉普拉斯轉換》，分別申請上明新科大 104、105 年度教師創新教學計畫，並獲選為優秀作品。

　　很多理工商科的基本計算題，如：微積分、工程數學、電路學等，有些人看到題目後，就能很快地將它解答出來，這是因為很多題目的解題方法，都有一個標準的解題流程[註]（SOP，Standard sOlving Procedure），只要將題目的數據帶入標準解題流程內，就可以很容易地將該題解答出來。

　　現在很多老師都將這標準解題流程記在頭腦內，依此流程解題給學生看。但並不是每個學生看完老師的解題後，都能將此解題流程記在腦子裡。

　　SOP 閃通教學法是：若能將此解題流程寫在黑板上，一步一步的引導學生將此題目解答出來，學生可同時用耳朵聽（老師）解題步驟、用眼睛看（黑板）解題步驟，則可加深學生的印象，學生只要按圖施工，就可以解出相類似的題目來。

　　SOP 閃通教學法的目的就是要閃通，是將老師記在頭腦內的解題步驟用筆寫出來，幫助學生快速的學習，就如同：初學游泳者使用浮板、初學下棋者使用棋譜、初學太極拳先練太極十八式一樣，這些浮板、棋譜、固定的太極招式都是為了幫助初學者快速的學會游泳、下棋和太極拳，等學生學會了後，浮板、棋譜、固定的太極招式就可以丟掉了。SOP 閃通教學法也是一樣，學會後 SOP 就可以丟掉了，之後再依照學生的需求，做一些變化題。

　　有些初學者的學習需要藉由浮板、棋譜、SOP 等工具的輔助，有些人則不需要，完全是依據每個人的學習狀況而定，但最後需要藉由工具輔助的學生，和不需要工具輔助的學生都學會了，這就叫做「因材施教」。

　　我身邊有一些同事、朋友，甚至 IEET 教學委員們直覺上覺得數學怎能 SOP？老師們會把解題步驟（SOP）記在頭腦內，依此解題步驟（SOP）教學生解題，我只是把解題步驟（SOP）寫下來，幫助學生學習，但我的經驗告訴我，對我的學生而言，寫下 SOP 的教學方式會比 SOP 記在頭腦內的教學方式好很多。

　　我這本書就是依據此原則所寫出來的。我利用此法寫一系列的數學套書，包含有：

1. 第一次學微積分就上手
2. 第一次學工程數學就上手 (1)—微積分與微分方程式
3. 第一次學工程數學就上手 (2)—拉氏轉換與傅立葉
4. 第一次學工程數學就上手 (3)—線性代數
5. 第一次學工程數學就上手 (4)—向量分析與偏微分方程式
6. 第一次學工程數學就上手 (5)—複變數
7. 第一次學機率就上手
8. 工程數學 SOP 閃通指南（為《第一次學工程數學就上手》(1)～(5) 之精華合集）
9. 大學學測數學滿級分（I）（II）
10. 第一次學 C 系列語言前半段就上手（即將出版）

　　它們的寫作方式都是盡量將所有的原理或公式的用法流程寫出來，讓讀者知道如何使用此原理或公式，幫助讀者學會一門艱難的數學。

　　最後，非常感謝五南圖書股份有限公司對此書的肯定，此書才得以出版。本書雖然一再校正，但錯誤在所難免，尚祈各界不吝指教。

林振義

email: jylin @ must.edu.tw

註：數學題目的解題方法有很多種，此處所說的「標準解題流程（SOP）」是指教科書上所寫的或老師上課時所教的那種解題流程，等學生學會一種解題方法後，再依學生的需求，去了解其他的解題方法。

教學成果

1. 教育部 105 年**師鐸獎**（教學組）。
2. 星雲教育基金第十屆（2022 年）星雲教育獎典範教師獎。
3. 明新科大 100、104、107、109、111 學年度**教學績優教師**。
4. 明新科大 110、111 年特殊優秀人才彈性薪資獎。
5. 獲邀擔任化學工程學會 68 週年年會工程教育論壇講員，演講題目：工程數學 SOP+1 教學法，時間：2022 年 1 月 6~7 日，地點：高雄展覽館三樓。
6. 上課講義「微分方程式」申請上明新科大 104 年度教師**創新教學計畫**，並獲選為**優秀作品**。
7. 上課講義「拉普拉斯轉換」申請上明新科大 105 年度教師**創新教學計畫**，並獲選為**優秀作品**。
8. 執行本校 105 年北區技專院校計畫「**如何開發及推廣優質課程**」。
9. 推廣中等程度學生適用的「**SOP 閃通教學法**」和「**下課前給學生練習**」。
10. 獲選為技職教育**熱血老師**，接受蘋果日報專訪，於 106 年 9 月 1 日刊出。
11. 錄製 12 個主題，共 102 **部教學影片**，約 3000 分鐘，放在電機系網站供學生自由下載。
12. 107 年 11 月 22 日執行**高教深耕計畫**，同儕觀課與分享討論（主講人）。
13. 101 年 5 月 10 日學校指派出席龍華科大校際**優良教師觀摩講座**主講人。
14. 101 年 9 月 28 日榮獲**私校楷模獎**。

15. 文章「SOP 閃通教學法」發表於師友月刊，2016 年 2 月第 584 期 81 到 83 頁。

16. 文章「談因材施教」發表於師友月刊，2016 年 10 月第 592 期 46 到 47 頁。

有五位讀者肯定我寫的書，他們寫email來感謝我，內容如下：

(1) 讀者一：

(a) Subject：第一次學工程數學就上手6

林教授，

您好。您的「第一次學工程數學就上手」套書很好，是學習工程數學的好教材。

想請問第6冊機率會出版嗎？什麼時候出版？

(b) 因我發現它是從香港寄來的，我就回信給他，內容如下：

您好

1. 感謝您對本套書的肯定，因前些日子比較忙，沒時間寫，機率最快也要7月以後才會出版

2. 請問您住香港，香港也買的到此書嗎？

謝謝

(c) 他再回我信，內容如下：

林教授，

是的，我住在香港。我是香港城市大學電機工程系畢業生。在考慮報讀碩士課程，所以把工程數學溫習一遍。

在香港的書店有「第一次學工程數學就上手」的套書，唯獨沒有「6機率」。因此來信詢問。希望7月後您的書能夠出版。

(2) 讀者二：

標題：林振義老師你好

林振義老師你好，出社會許多年的我，想要準備考明年的研究所考試。

就學時，一直對工程數學不擅長，再加上很久沒念書根本不知道從哪邊開始讀起。

因緣際會在網路上看到老師出的「第一次學工程數學就上手」系列，翻了幾頁覺得很有趣，原來工數可以有這麼淺顯易懂的方式來表達。

然後我看到老師這系列要出四本，但我只買到兩本所以我想問老師，3 的線代跟 4 的向量複變什麼時候會出，想早點買開始準備

謝謝老師

(3) 讀者三：

標題：SOP 閃通讀者感謝老師

林教授 您好，

感謝您，拜讀老師您的大作，SOP 閃通教材第一次學工程數學系列，對個人的數學能力提升，真的非常有效，超乎想像的進步，在此　誠懇　感謝老師，謝謝您～

(4) 讀者四：

標題：第一次學工程數學就上手

林老師，您好

我是您的讀者，對於您的第一次學工程數學就上手系列很喜歡。請問第四冊有預計何時出版嗎？

很希望能夠儘快拜讀，謝謝。

(5) 讀者五：

標題：老師您好

老師 您好

因緣際會買了老師您的，第一次學工程數學就上手的 1 2

覺得書實在太棒了！

想請問老師 3 和 4，也就是線代和向量的部分，書會出版發行嗎？

目錄

第六篇　向量

第一章　向量的基礎 …… 3

1.1 向量的基礎 ……… 3

1.2 向量的夾角 …… 12

第二章　向量的內積與
　　　　外積 ……… 17

2.1 向量內積 ……… 17

2.2 向量的外積 …… 23

2.3 向量的內外積的應用

……… 28

第三章　向量微分 …… 33

3.1 向量的微分 …… 33

3.2 向量的偏微分 … 38

3.3 向量的全微分 … 41

3.4 微分幾何 ……… 42

第四章　向量的梯度、散
　　　　度、旋度 …… 51

4.1 向量微分運算子 … 51

4.2 向量的梯度 …… 53

4.3 向量的散度 …… 60

4.4 向量的旋度 …… 62

4.5 向量微分運算子的

性質 ……… 64

第五章　向量積分 …… 71

5.1 向量的一般積分 … 71

5.2 向量的線積分 … 73

5.3 向量的面積分 … 79

5.4 向量的體積分 … 85

第六章　向量積分的三個
　　　　定理 ……… 93

6.1 平面的格林定理 … 93

6.2 高斯散度定理 … 98

6.3 司拖克定理 …… 102

第七篇　偏微分方程式

第一章　偏微分方程式
　　　　………………… 113

1.1　簡介 ……………… 113

1.2　偏微分方程式產生
　　　方式 …………… 115

1.3　由實際問題所產生
　　　的偏微分方程式 ……
　　　120

1.4　變數分離法 …… 124

1.5　拉氏轉換法 …… 149

1.6　其他類型偏微分方
　　　程式 …………… 153

第 6 篇

向 量

所有人的老師——歐拉

　　萊昂哈德‧歐拉（Leonhard Euler，1707 年 4 月 15 日到 1783 年 9 月 18 日），瑞士數學家、自然科學家。1707 年 4 月 15 日出生於瑞士的巴塞爾，1783 年 9 月 18 日於俄國聖彼得堡去世。歐拉出生於牧師家庭，自幼受父親的影響。13 歲時入讀巴塞爾大學，15 歲大學畢業，16 歲獲得碩士學位。歐拉是 18 世紀數學界最傑出的人物之一，他不但爲數學界做出貢獻，更把整個數學推至物理的領域。他是數學史上最多產的數學家，平均每年寫出八百多頁的論文，還寫了大量的力學、分析學、幾何學、變分法等的課本，《無窮小分析引論》、《微分學原理》、《積分學原理》等都成爲數學界中的經典著作。歐拉對數學的研究如此之廣泛，因此在許多數學的分支中也可經常見到以他的名字命名的重要常數、公式和定理。此外歐拉還涉及建築學、彈道學、航海學等領域。瑞士教育與研究國務祕書 Charles Kleiber 曾表示：「沒有歐拉的眾多科學發現，今天的我們將過著完全不一樣的生活。」法國數學家拉普拉斯則認爲：「讀讀歐拉，他是所有人的老師。」2007 年，爲慶祝歐拉誕辰 300 週年，瑞士政府、中國科學院及中國教育部於 2007 年 4 月 23 日下午在北京的中國科學院文獻情報中心共同舉辦紀念活動，回顧歐拉的生平、工作以及對現代生活的影響。

向量分析簡介

　　向量分析（vector analysis）是數學的分支，關注在三維（3D）歐幾里得空間中向量場的微分和積分。向量分析在工程或應用數學中，極為普遍而且重要。因為有很多的物理量，均有向量的特性。它被廣泛應用於物理和工程中，特別是在描述電磁場、引力場和流體流動，經常以向量的形式表示。

　　向量分析是由約西亞・吉布斯（J. Willard Gibbs）和奧利弗・黑維塞（Oliver Heaviside）於 19 世紀末提出，大多數符號和術語由吉布斯和愛德華・比德韋爾・威爾遜（Edwin Bidwell Wilson）在他們 1901 年的書《向量分析》中提出。

　　向量分析重要的性質有：向量微分的梯度、散度、旋度，和向量積分的三個定理，分別為：平面的格林定理、高斯散度定理和司拖克定理。

　　本篇內容介紹：

1. 向量的基礎與內、外積：這部分大多是高中數學的內容，為了保持課本的完整性。
2. 向量的微分：和微積分一樣，它包含：向量的微分、偏微分、全微分和向量微分的應用。
3. 向量的梯度、散度、旋度：它是向量的偏微分。
4. 向量的積分：和微積分一樣，它包含向量的一般積分、線積分、面積分和體積分。
5. 格林定理、高斯定理、司拖克定理：它是向量積分的應用。

第 **1** 章　向量的基礎

本章將介紹：向量的基礎觀念和向量的夾角。

1.1　向量的基礎

1. 【**向量的定義**】向量（vector）是一個有大小和方向的量，例如：向量 AB，以 $\overrightarrow{AB}$ 表之，其中 A 是向量的起點（尾端），B 是向量的終點（前端），而向量 $\overrightarrow{AB}$ 的大小以 $|\overrightarrow{AB}|$ 表之，是此向量的長度，方向則由 A 點到 B 點（見下圖）。

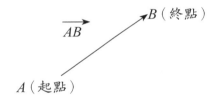

2. 【**向量與純量**】台北在新竹北方 80 公里，是一向量，它有方向（北方）和大小（80 公里）。而純量（scalar）是只有大小沒有方向的量，例如：台北到新竹 80 公里（沒有方向），或 2、5、1000 等均為純量。

3. 【**向量的起點位置**】向量只考慮其大小和方向，不考慮向量的起點位置，所以二向量只要大小和方向相同，不管它們的起點位置在哪裡，此二向量均相等。

4. 【**向量的表示**】向量是用實數有序對（ordered pair）表示之，若向量內有 n 個元素，此向量的維度（dimension）就是 n。（註：「有序對」是有前後順序的一組數值）

例如：(1) $[a, b]$ 是二維向量，其維度是 2（以 R^2 表示，
其中 R 表示 $a, b \in R$），

(2) $[a, b, c]$ 是三維向量，其維度是 3（以 R^3 表示），

(3) $[a, b, c, \cdots\cdots, k]$（有 n 個元素）是 n 維向量（以
R^n 表示）。

5. 【向量的分量】向量內的每個元素稱為一個分量（或坐標）。例如：向量 $[a, b, c]$ 中，a 是 x 軸分量；b 是 y 軸分量；c 是 z 軸分量。

6. 【本書的表示法】本書的「向量」符號以 $\vec{v}$ 表示（符號上方有一箭頭），「向量坐標」以中括號括起來，且以列（橫）向量表示，如：向量 $\vec{v} = [a, b, c]$；以區別「點坐標」以小括號括起來，如：點 $p = (a, b, c)$。

例 1　請問下列哪些量是純量？那些量是向量？

(1) 體積；(2) 重量；(3) 密度；(4) 速度；(5) 加速度；
(6) 能量；(7) 動量；(8) 速率

解　純量有：(1) 體積；(2) 重量；(3) 密度；(6) 能量；
(8) 速率

向量有：(4) 速度；(5) 加速度；(7) 動量

例 2　畫出下列的向量圖？

(1) 大小 40m，方向東方偏北 30 度；(2) 起點 $A(1, 2)$，
終點 $B(5, 4)$。

解 (1)

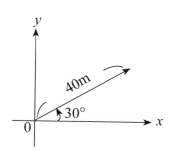

(2)

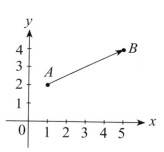

---

7. 【向量的相等】若向量 $\overrightarrow{AB}$ 和 $\overrightarrow{CD}$ 相等（記作 $\overrightarrow{AB} = \overrightarrow{CD}$），表示它們的大小相等，且方向相同。而 $-\overrightarrow{AB}$ 表示和 $\overrightarrow{AB}$ 方向相反、大小相等的向量，我們以 $\overrightarrow{BA}$ 表之，即 $-\overrightarrow{AB} = \overrightarrow{BA}$，所以 $\overrightarrow{AB} - \overrightarrow{XY} = \overrightarrow{AB} + \overrightarrow{YX}$

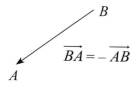

8. 【向量的相加】$\vec{a} + \vec{b}$ 表示 $\vec{b}$ 的「起點」連接到 $\vec{a}$ 的「終點」後，從 $\vec{a}$ 的起點到 $\vec{b}$ 的終點的向量，如下圖：

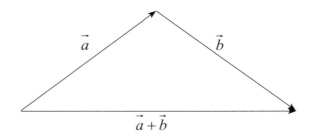

$$\vec{a} + \vec{b}$$

9. 【向量的倍數】若 $r \in R$ 且 $r > 0$，則 $r\vec{a}$ 表示其方向與 $\vec{a}$ 相同，而其大小爲 $|\vec{a}|$ 的 r 倍（註：一實數乘以一向量其結果爲一向量），而 $(r\vec{a})$ 不等於 $r|\vec{a}|$，前者爲一向量，後者爲一常數。

10. 【向量的平行（或共線）】若向量 $\vec{a}$、$\vec{b}$ 平行（或稱爲共線），則存在一個 $r \in R$，使得 $\vec{b} = r\vec{a}$。若 $r > 0$，表 $\vec{a}$、$\vec{b}$ 方向相同；若 $r < 0$，表 $\vec{a}$、$\vec{b}$ 方向相反。

11. 【零向量】有一個比較特殊的向量稱爲零向量，它是起點和終點均在同一點上，以 $\vec{0}$ 表之，而其大小 $|\vec{0}| = 0$，例如：$\overrightarrow{AA}$、$\overrightarrow{BB}$ 都是零向量。零向量（$\vec{0}$）和 0 不一樣，二維的零向量爲 $\vec{0} = [0, 0]$，而 0 是大小非向量。

12. 【單位向量】單位向量是長度等於 1 的向量，例如：$\vec{a}$ 的單位向量爲 $\dfrac{\vec{a}}{|\vec{a}|}$（$\vec{a} \neq \vec{0}$）

例 3　畫出下列的向量圖？

(1)$[1, 3] + [4, 2]$；(2)$[3, 2] + [2, 0]$；

⬚解 (1)

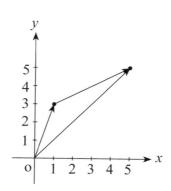

(2)

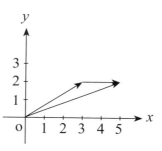

⬚例4 下列敘述是否正確：

(1) 平行的二向量，若起點不同，則終點也一定不同；

(2) 每個單位向量均相等；

(3) 任何向量和它的反向量不會相等；

(4) 若向量 $\overrightarrow{AB}$ 平行向量 $\overrightarrow{CD}$，則 A、B、C、D 四點共線。

⬚解 (1) 錯誤，在同一線上的平行向量，其終點可以在一起

(2) 錯誤，其方向可以不相同

(3) 錯誤，零向量例外

(4) 錯誤，平行的二向量只要方向相同，不需要共線

例 5 有 4 點 A, B, C, D，其中 $\overrightarrow{AB} = \vec{a} + 2\vec{b}$，$\overrightarrow{BC} = 2\vec{a} + 3\vec{b}$，$\overrightarrow{CD} = 3\vec{a} + 7\vec{b}$，請問：

(1) 點 A, B, C 是否共線？(2) 點 A, B, D 是否共線？

做法 二向量 $\vec{x}, \vec{y}$ 共線（或平行）的主要條件是 $\vec{x} = r\vec{y}$，$r \in R$

解 (1) 點 A, B, C 共線的條件是 $\overrightarrow{AB}$ 和 $\overrightarrow{AC}$ 共線（或平行）

$\overrightarrow{AC} = \overrightarrow{AB} + \overrightarrow{BC} = (\vec{a} + 2\vec{b}) + (2\vec{a} + 3\vec{b}) = 3\vec{a} + 5\vec{b}$，

不和 $\overrightarrow{AB} = \vec{a} + 2\vec{b}$ 平行，所以點 A, B, C 不共線

(2) 點 A, B, D 共線的條件是 $\overrightarrow{AB}$ 和 $\overrightarrow{AD}$ 共線（或平行）

$\overrightarrow{AD} = \overrightarrow{AB} + \overrightarrow{BC} + \overrightarrow{CD} = (\vec{a} + 2\vec{b}) + (2\vec{a} + 3\vec{b}) + (3\vec{a} + 7\vec{b})$

$= 6\vec{a} + 12\vec{b} = 6(\vec{a} + 2\vec{b})$

它和 $\overrightarrow{AB} = \vec{a} + 2\vec{b}$ 平行，所以點 A, B, D 共線

13.【向量的特性】向量的一些特性如下（其中 $\vec{a}$、$\vec{b}$ 爲向量，r、$s \in R$）：

(1) 交換律：$\vec{a} + \vec{b} = \vec{b} + \vec{a}$

(2) 結合律：$\vec{a} + (\vec{b} + \vec{c}) = (\vec{a} + \vec{b}) + \vec{c}$

(3) $\vec{a} + (-\vec{a}) = \vec{0}$

(4) $0 \cdot \vec{a} = \vec{0}$（· 是乘號），$\vec{0} + \vec{a} = \vec{a}$

(5) $1 \cdot \vec{a} = \vec{a}$，$-1 \cdot \vec{a} = -\vec{a}$

(6) $r(\vec{a} + \vec{b}) = r\vec{a} + r\vec{b}$

(7) $(r + s)\vec{a} = r\vec{a} + s\vec{a}$

(8) $(r + s)(\vec{a} + \vec{b}) = r\vec{a} + r\vec{b} + s\vec{a} + s\vec{b}$

14.【$\vec{i}$、$\vec{j}$、$\vec{k}$ 向量】

(1) 在二度空間中，有時我們會以向量 $\vec{i}$ 表示 $[1, 0]$，即 $\vec{i} = [1, 0]$；以向量 $\vec{j}$ 表示 $[0, 1]$，即 $\vec{j} = [0, 1]$；所以向量 $[a, b] = a\vec{i} + b\vec{j}$。$\vec{i}$、$\vec{j}$ 均爲單位向量。

例如：向量 $[3, 5] = 3\vec{i} + 5\vec{j}$。

(2) 若是三度空間，則 $\vec{i} = [1, 0, 0]$、$\vec{j} = [0, 1, 0]$、$\vec{k} = [0, 0, 1]$。例如：向量 $[2, 3, 5] = 2\vec{i} + 3\vec{j} + 5\vec{k}$。

15.【**向量的特性**】若 $\vec{a} = [x_1, y_1, z_1] = x_1\vec{i} + y_1\vec{j} + z_1\vec{k}$、

$\vec{b} = [x_2, y_2, z_2] = x_2\vec{i} + y_2\vec{j} + z_2\vec{k}$，則

(1) $\vec{a} = \vec{b} \Leftrightarrow x_1 = x_2$ 且 $y_1 = y_2$ 且 $z_1 = z_2$

(2) $\vec{a} \pm \vec{b} = [x_1 \pm x_2, y_1 \pm y_2, z_1 \pm z_2]$

$$= (x_1 \pm x_2)\vec{i} + (y_1 \pm y_2)\vec{j} + (z_1 \pm z_2)\vec{k}$$

(3) $k\vec{a} = [kx_1, ky_1, kz_1] = kx_1\vec{i} + ky_1\vec{j} + kz_1\vec{k}$

(4) $\left\| \vec{a} | - | \vec{b} \right\| \leq |\vec{a} - \vec{b}|$（或 $|\vec{a} + \vec{b}|$）$\leq |\vec{a}| + |\vec{b}|$（當 $\vec{a}$, $\vec{b}$ 平行時，等號成立）

16.【**向量的分量和長度**】若 O 爲原點，點 $P(a, b, c)$ 爲座標空間上的任一點，則向量 $\overrightarrow{OP}$ 爲 $[a, b, c]$，其中 a, b, c 分別稱爲向量 $\overrightarrow{OP}$ 的 x 分量、y 分量、z 分量（見下圖）。而若點 $A = (x_1, y_1, z_1)$、點 $B = (x_2, y_2, z_2)$，則

$\overrightarrow{AB} = [x_2 - x_1, y_2 - y_1, z_2 - z_1]$，

$|\overrightarrow{AB}| = \sqrt{(x_2 - x_1)^2 + (y_2 - y_1)^2 + (z_2 - z_2)^2}$ 爲 $\overrightarrow{AB}$ 的長度。

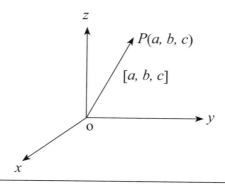

例 6 設 $\vec{a} = [x+y, 2x+y]$、$\vec{b} = [3, 2y]$，若 $\vec{a} = \vec{b}$，求 x、y 之值和 $|\vec{a}|$

解 (1) 二向量相等表示 x 分量相等，y 分量也相等，即

$$\vec{a} = \vec{b} \Rightarrow x+y = 3 \text{ 且 } 2x+y = 2y$$
$$\Rightarrow \text{可求得 } x = 1 \text{，} y = 2$$
$$\Rightarrow \vec{a} = \vec{b} = [3, 4]$$

(2) $|\vec{a}| = \sqrt{3^2 + 4^2} = 5$

例 7 下列二題中，給定點 P 及向量 $\vec{y}$，求點 Q 使得 $\overrightarrow{PQ} = \vec{y}$：

(1) $P = (2, 3, 2)$ 及 $\vec{y} = [1, 2, 3]$；

(2) $P = (1, -4, -1)$ 及 $\vec{y} = [-4, 4, -2]$

解 令 $Q = (a, b, c)$，則

(1) $\overrightarrow{PQ} = [a-2, b-3, c-2] = [1, 2, 3]$
$$\Rightarrow a = 3, b = 5, c = 5$$
$$\Rightarrow Q = (3, 5, 5)$$

(2) $\overrightarrow{PQ} = [a-1, b+4, c+1] = [-4, 4, -2]$
$$\Rightarrow a = -3, b = 0, c = -3$$
$$\Rightarrow Q = (-3, 0, -3)$$

例 8 設平面上三點的坐標分別為 $A(2, 1)$、$B(4, 5)$，$C(-2, 3)$，求 (1) $2\overrightarrow{AB} + 3\overrightarrow{BC} - \overrightarrow{CA}$ 之值及其大小；(2) $\overrightarrow{AB}$ 的單位向量

解 (1) $\overrightarrow{AB} = [2, 4]$、$\overrightarrow{BC} = [-6, -2]$、$\overrightarrow{CA} = [4, -2]$
$$\Rightarrow 2\overrightarrow{AB} + 3\overrightarrow{BC} - \overrightarrow{CA}$$
$$= 2[2, 4] + 3[-6, -2] - [4, -2]$$

$$= [4, 8] + [-18, -6] + [-4, 2] = [-18, 4]$$

其大小為 $\sqrt{(-18)^2 + 4^2} = \sqrt{340}$

(2) 因 $\overrightarrow{AB} = [2, 4]$，其單位向量為

$$\frac{\overrightarrow{AB}}{|\overrightarrow{AB}|} = \frac{1}{\sqrt{2^2 + 4^2}}[2,4] = [\frac{1}{\sqrt{5}}, \frac{2}{\sqrt{5}}]$$

例9 若 $\vec{a} = [2, -1, 3]$、$\vec{b} = [0, 2, -1]$、$\vec{c} = [-1, 1, 2]$，求 x, y, z 之值，使得 $x \cdot \vec{a} + y \cdot \vec{b} + z \cdot \vec{c} = [5, -1, 3]$

解 $x \cdot \vec{a} + y \cdot \vec{b} + z \cdot \vec{c} = [5, -1, 3]$

$\Rightarrow x \cdot [2, -1, 3] + y \cdot [0, 2, -1] + z \cdot [-1, 1, 2] = [5, -1, 3]$

$\Rightarrow 2x - z = 5$，$-x + 2y + z = -1$，$3x - y + 2z = 3$

解得 $x = 2, y = 1, z = -1$

1.2　向量的夾角

17.【向量的夾角】若 $\overrightarrow{AB}$ 和 $\overrightarrow{CD}$ 爲二非零向量，則 $\overrightarrow{AB}$ 和 $\overrightarrow{CD}$ 的夾角是將它們的兩個起點 A、C 重疊後，夾角小於 $180°$ 的角，即

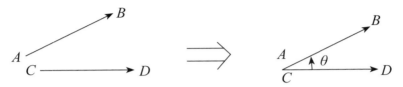

18.【向量的特殊夾角】向量夾角的特殊角度有：

(1) 若 $\overrightarrow{AB}$ // $\overrightarrow{CD}$ 且二方向相同 $\Rightarrow$ 夾角 $= 0°$

(2) 若 $\overrightarrow{AB}$ // $\overrightarrow{CD}$ 且二方向相反 $\Rightarrow$ 夾角 $= 180°$

(3) 若 $\overrightarrow{AB} \perp \overrightarrow{CD} \Rightarrow$ 夾角 $= 90°$

19.【方向角】

(1) 若二維向量 $\vec{u} = \overrightarrow{OP} = [a, b]$（見下圖），則從正 x 軸起，逆時針方向旋轉到 $\vec{u}$ 的角度，稱爲 $\vec{u}$ 的方向角（direction angle），方向角介於 0 到 2π 之間；而 $\vec{u}$ 的長度爲 $\sqrt{a^2+b^2}$。如下圖，設 $\phi = \tan^{-1}\left(\dfrac{b}{a}\right)$，$-\dfrac{\pi}{2} < \phi < \dfrac{\pi}{2}$，則

(a) 若 $[a, b]$ 在第一象限，$\vec{u}$ 的方向角爲 $\theta = \phi$（此 $\phi > 0$）；

(b) 若 $[a, b]$ 在第二象限，$\vec{u}$ 的方向角爲 $\theta = \pi + \phi$（此 $\phi < 0$）；

(c) 若 $[a, b]$ 在第三象限，$\vec{u}$ 的方向角爲 $\theta = \pi + \phi$（此 $\phi > 0$）；

(d) 若 $[a, b]$ 在第四象限，$\vec{u}$ 的方向角爲 $\theta = 2\pi + \phi$（此 $\phi < 0$）；

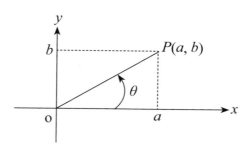

(2) 若三維向量 $\vec{v} = \overrightarrow{OQ} = [a, b, c]$，其與正 x, y, z 軸的夾角
分別是 α, β 和 γ，則此三個角度稱為向量 $\vec{v}$ 的方向角，
而此三角度所對應的餘弦 $\cos\alpha, \cos\beta, \cos\gamma$，稱為向量 $\vec{v}$
的方向餘弦（direction cosine），且有
$\cos^2\alpha + \cos^2\beta + \cos^2\gamma = 1$ 的特性

例 10 求下列二維向量的方向角和其長度

(1) $\vec{u} = [1, \sqrt{3}]$；(2) $\vec{u} = [-\sqrt{3}, 1]$；(3) $\vec{u} = [1, -1]$

解 (1) $\vec{u} = [1, \sqrt{3}]$，其方向角為 $\theta = \tan^{-1}\left(\dfrac{b}{a}\right) = \tan^{-1}\left(\dfrac{\sqrt{3}}{1}\right) = \dfrac{\pi}{3}$

其長度為 $\sqrt{(1)^2 + (\sqrt{3})^2} = 2$

(2) $\vec{u} = [-\sqrt{3}, 1]$，$\theta = \tan^{-1}\left(\dfrac{b}{a}\right) = \tan^{-1}\left(\dfrac{1}{-\sqrt{3}}\right) = -\dfrac{\pi}{6}$

因 $\vec{u}$ 在第二象限，其方向角為 $\pi + (-\dfrac{\pi}{6}) = \dfrac{5}{6}\pi$

其長度為 $\sqrt{(-\sqrt{3})^2 + (1)^2} = 2$

(3) $\vec{u} = [1, -1]$，$\theta = \tan^{-1}\left(\dfrac{b}{a}\right) = \tan^{-1}\left(\dfrac{-1}{1}\right) = -\dfrac{\pi}{4}$

因 $\vec{u}$ 在第四象限，其方向角為 $2\pi + (-\dfrac{\pi}{4}) = \dfrac{7}{4}\pi$

其長度為 $\sqrt{(1)^2 + (-1)^2} = \sqrt{2}$

例 11　若三維向量 $\vec{v}$ 與正 x, y, z 軸的夾角分別是 $\dfrac{\pi}{3}$，$\dfrac{\pi}{4}$ 和 $\dfrac{2\pi}{3}$，求向量 $\vec{v}$ 的 (1) 方向餘弦？(2) 方向餘弦的平方和？

解　(1) 向量 $\vec{v}$ 的方向餘弦為：

$$\cos(\frac{\pi}{3}), \cos(\frac{\pi}{4}) \text{ 和 } \cos(\frac{2\pi}{3}) = \frac{1}{2}, \frac{\sqrt{2}}{2}, -\frac{1}{2}$$

(2) 方向餘弦的平方和 $= (\dfrac{1}{2})^2 + (\dfrac{\sqrt{2}}{2})^2 + (-\dfrac{1}{2})^2 = 1$

練習題

1. 請問下列哪些量是純量？那些量是向量？

   (1) 動能；(2) 電場強度；(3) 功；(4) 功率；(5) 密度；(6) 力

   答　純量有：(1) 動能；(4) 功率；(5) 密度；

   　　向量有：(2) 電場強度；(3) 功；(6) 力

2. 若向量 $\vec{a}, \vec{b}$ 不共線、$x, y \in R$，且 $\vec{P} = (x + 4y)\vec{a} + (2x + y + 1)\vec{b}$，$\vec{Q} = (-2x + y + 2)\vec{a} + (2x - 3y - 1)\vec{b}$，求 x, y 之值，使得 $3\vec{P} = 2\vec{Q}$

   答　$x = 2, y = -1$

3. 有三向量 $\vec{a}_1, \vec{a}_2, \vec{a}_3$，若 $\vec{b}_1 = 2\vec{a}_1 + 3\vec{a}_2 - \vec{a}_3$，$\vec{b}_2 = \vec{a}_1 - 2\vec{a}_2 + 2\vec{a}_3$，$\vec{b}_3 = -2\vec{a}_1 + \vec{a}_2 - 2\vec{a}_3$ 且 $\vec{F} = 3\vec{a}_1 - \vec{a}_2 + 2\vec{a}_3$，求以 $\vec{b}_1, \vec{b}_2, \vec{b}_3$ 表示 $\vec{F}$

   答　$\vec{F} = 2\vec{b}_1 + 5\vec{b}_2 + 3\vec{b}_3$

4. 有三向量 $\vec{A} = [3, -1, -4]$，$\vec{B} = [-2, 4, -3]$，$\vec{C} = [1, 2, -1]$，求：(1) $2\vec{A} - \vec{B} + 3\vec{C} = ?$ (2) $\left| 2\vec{A} - \vec{B} + 3\vec{C} \right| = ?$ (3) 一單位向量平行向量 $2\vec{A} - \vec{B} + 3\vec{C} = ?$

答 (1)[11, 0, –8]；(2) $\sqrt{185}$；(3) $\dfrac{\pm 1}{\sqrt{185}}$[11, 0, –8]

5. 下列已知一定點 P 及向量 $\vec{y}$，求點 Q 使得 $\overrightarrow{PQ} = \vec{y}$：

(a) $P = (4, 6, 0)$，$\vec{y} = [3, -1, 0]$；(b) $P = (-8, -4, 2)$，$\vec{y} = [8, 4, -2]$；

答 (1)$Q = [7, 5, 0]$；(2)$Q = [0, 0, 0]$

6. 已知 $\vec{a} = [2, -1, 0]$，$\vec{b} = [-4, 2, 5]$，$\vec{c} = [0, 0, 3]$，求下列之值：

(1) $\vec{a} + 2\vec{b}$；(2) $5(\vec{a} - 2\vec{c})$；(3) $3\vec{a} - 5\vec{b} + 2\vec{c}$；(4) $6\vec{a} - 2\vec{b} + 3\vec{c}$；

(5) $\vec{a} + \vec{b} + \vec{c}$；(6) $|\vec{a}| - |\vec{b}|$；(7) $|\vec{a} - 5\vec{b} + 2\vec{c}|$；(8) $\dfrac{|\vec{a}|}{|\vec{c}|} \cdot \vec{b}$；

答 (1)[–6, 3, 10]；(2)[10, –5, –30]；(3)[26, –13, –19]；(4) [20, –10, –1]；(5)[–2, 1, 8]；(6) $-2\sqrt{5}$；(7) $\sqrt{966}$；

(8) $[\dfrac{-4\sqrt{5}}{3}, \dfrac{2\sqrt{5}}{3}, \dfrac{5\sqrt{5}}{3}]$

7. 已知 $\vec{a} = [2, -1, 0]$，$\vec{b} = [-4, 2, 5]$，$\vec{c} = [3, 1, d]$，求 d 值為何此三合力才會在 xy 平面上

答 $d = -5$

8. 求下列的合力 ($\vec{a} + \vec{b} + \vec{c} = ?$) 和其大小 ($|\vec{a} + \vec{b} + \vec{c}|$)

(1) $\vec{a} = [2, -1, 0]$，$\vec{b} = [-4, 2, 5]$，$\vec{c} = [3, 1, 2]$；

(2) $\vec{a} = [2, -1, 0]$，$\vec{b} = [-4, 2, 5]$，$\vec{c} = \vec{a} + \vec{b}$；

(3) $\vec{a} = [2, -1, 0]$，$\vec{b} = 2\vec{a} - \vec{c}$，$\vec{c} = [3, 1, 2]$；

(4) $\vec{a} = [2, -1, 0]$，$\vec{b} = -4\vec{a}$，$\vec{c} = 2\vec{a} - 3\vec{b}$；

答 (1)[1, 2, 7]，$\sqrt{54}$；(2)[–4, 2, 10]，$\sqrt{120}$；(3)[6, –3, 0]，$\sqrt{45}$；(4)[22, –11, 0]，$\sqrt{605}$

第 **2** 章　向量的內積與外積

本章將介紹：向量的內積、向量的外積和內外積的應用。

2.1　向量內積

1. 【向量的內積】

   (1) 若二向量 $\vec{a}$、$\vec{b}$ 的夾角為 θ，則其內積〔inner product 或稱為點積（dot product）或純量積（scalar product）〕定義為：
   $$\vec{a} \cdot \vec{b} = |\vec{a}||\vec{b}|\cos\theta，0 \le \theta \le \pi。$$
   內積的結果為一實數（純量），而非一向量。

   (2) 如果向量以分量表示，即 $\vec{a} = [x_1, y_1, z_1]$、$\vec{b} = [x_2, y_2, z_2]$，則其內積為
   $$\vec{a} \cdot \vec{b} = [x_1, y_1, z_1] \cdot [x_2, y_2, z_2] = x_1x_2 + y_1y_2 + z_1z_2$$
   $$= |\vec{a}||\vec{b}|\cos\theta = \sqrt{x_1^2 + y_1^2 + z_1^2}\sqrt{x_2^2 + y_2^2 + z_2^2}\cos\theta,$$
   $\vec{a}$、$\vec{b}$ 的夾角為 $\cos\theta = \dfrac{x_1x_2 + y_1y_2 + z_1z_2}{|\vec{a}||\vec{b}|}$，$0 \le \theta \le \pi$。

   (3) 內積的結果與二向量夾角的關係如下：

   (a) 若 $\vec{a} \cdot \vec{b} = 0$，表示 $\vec{a} = \vec{0}$、$\vec{b} = \vec{0}$ 或
   $\vec{a} \perp \vec{b}$（此情況稱為 $\vec{a}$、$\vec{b}$ 二向量垂直或正交）；

   (b) 若 $\vec{a} \cdot \vec{b} > 0$，表示其夾角為銳角（小於 90°）；

   (c) 若 $\vec{a} \cdot \vec{b} < 0$，表示其夾角為鈍角（大於 90°）。

2. 【內積的意義】

   (1) $\vec{a} \cdot \vec{b}$ 的意義是 $\vec{a}$ 向量投影到 $\vec{b}$ 向量的長度（等於 $|\vec{a}|\cos\theta$）再乘以 $\vec{b}$ 向量的長度值（或 $\vec{b}$ 向量投影到 $\vec{a}$ 向量的長度

再乘以 $\vec{a}$ 向量的長度值），

即 $\vec{a} \cdot \vec{b} = |\vec{a}||\vec{b}| \cos \theta$。所以內積後的結果為一常數。

(2) 下圖 $\vec{a} \cdot \vec{b} = \overline{AB} \times |\vec{b}|$（因 $\overline{AB} = |\vec{a}| \cos \theta$），所以

$$\vec{a} \cdot \vec{b} = |\vec{a}||\vec{b}| \cos \theta$$

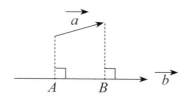

(3) $\vec{a}$ 向量投影到 $\vec{b}$ 向量的長度 $|\vec{a}| \cos \theta$ 也可以用下法求得：

因 $\vec{a} \cdot \vec{b} = |\vec{a}||\vec{b}| \cos \theta$

$$\Rightarrow |\vec{a}| \cos \theta = \frac{\vec{a} \cdot \vec{b}}{|\vec{b}|} = \overline{AB}$$

例 1　求 (1) $\vec{i} \cdot \vec{j}$，(2) $\vec{j} \cdot \vec{k}$，(3) $\vec{i} \cdot \vec{k}$ 之值

解　(1) $\vec{i} \cdot \vec{j} = [1, 0, 0][0, 1, 0] = 0$，$\vec{i}$ 和 $\vec{j}$ 垂直

　　(2) $\vec{j} \cdot \vec{k} = [0, 1, 0][0, 0, 1] = 0$，$\vec{j}$ 和 $\vec{k}$ 垂直

　　(3) $\vec{i} \cdot \vec{k} = [1, 0, 0][0, 0, 1] = 0$，$\vec{i}$ 和 $\vec{k}$ 垂直

例 2　$\vec{a} = [1, 2, 0]$、$\vec{b} = [3, -2, 1]$，求：(1) $\vec{a} \cdot \vec{b}$，(2) 二向量的夾角的 cos 值

做法　$\vec{a} \cdot \vec{b} = [x_1, y_1, z_1][x_2, y_2, z_2] = |a||b| \cos \theta$

解　(1) $\vec{a} \cdot \vec{b} = [1, 2, 0] \cdot [3, -2, 1] = -1$

　　(2) 其夾角 $\cos \theta = \dfrac{\vec{a} \cdot \vec{b}}{|\vec{a}||\vec{b}|} = \dfrac{-1}{\sqrt{1^2 + 2^2 + 0^2} \sqrt{3^2 + (-2)^2 + 1^2}}$

　　　　　$= \dfrac{-1}{\sqrt{5}\sqrt{14}} = \dfrac{-1}{\sqrt{70}}$

例 3 若 $\vec{a} = [1, 2, x]$、$\vec{b} = [3, -2, 1]$，二向量垂直，求 x 之值

解 二向量垂直，表示其內積為 0

$\vec{a} \cdot \vec{b} = [1, 2, x] \cdot [3, -2, 1] = 3 - 4 + x = 0 \Rightarrow x = 1$

例 4 設向量 $\vec{a}$ 的長度為 2，向量 $\vec{a}$ 和向量 $\vec{b}$ 的夾角為 30°，求向量 $\vec{a}$ 投影到向量 $\vec{b}$ 的長度

解 向量 $\vec{a}$ 投影到向量 $\vec{b}$ 的長度 $= |\vec{a}| \cos \theta = 2 \cdot \cos 30° = \sqrt{3}$

例 5 求向量 $\vec{a} = [1, 2, 1]$：(1) 在 x 軸的投影；(2) 在 y 軸的投影；(3) 投影到向量 $\vec{b} = [2, 3, 6]$ 的長度

解 (1) 向量 $\vec{a} = [1, 2, 1]$ 在 x 軸的投影，是向量 $\vec{a}$ 的 x 分量 $= 1$

(2) 向量 $\vec{a} = [1, 2, 1]$ 在 y 軸的投影，是向量 $\vec{a}$ 的 y 分量 $= 2$

(3) 向量 $\vec{a}$ 投影到向量 $\vec{b} = [2, 3, 6]$ 的長度 $= |\vec{a}| \cos \theta$

又 $\vec{a} \cdot \vec{b} = [1, 2, 1][2, 3, 6] = 14$

$= \sqrt{1^2 + 2^2 + 1^2} \sqrt{2^2 + 3^2 + 6^2} \cos \theta$

$\Rightarrow \cos \theta = \dfrac{2}{\sqrt{6}}$

又 $|\vec{a}| = \sqrt{1^2 + 2^2 + 1^2} = \sqrt{6}$

$\Rightarrow |\vec{a}| \cos \theta = \sqrt{6} \dfrac{2}{\sqrt{6}} = 2$

另解 $|\vec{a}| \cos \theta = \dfrac{\vec{a} \cdot \vec{b}}{|\vec{b}|} = \dfrac{14}{7} = 2$

3. 【內積的特性】若 $\vec{a}$、$\vec{b}$、$\vec{c}$ 為三向量，且 $r \in R$，則

(1) $\vec{a} \cdot \vec{b} = \vec{b} \cdot \vec{a}$

(2) $\vec{a} \cdot \vec{a} = |\vec{a}|^2$

(3) $\vec{a} \cdot \vec{a} = 0 \Leftrightarrow \vec{a} = \vec{0}$

(4) $\vec{a} \cdot (\vec{b} + \vec{c}) = \vec{a} \cdot \vec{b} + \vec{a} \cdot \vec{c}$

(5) $r\vec{a} \cdot \vec{b} = \vec{a} \cdot (r\vec{b})$

(6) $(\vec{a} + \vec{b}) \cdot (\vec{a} - \vec{b}) = |\vec{a}|^2 - |\vec{b}|^2$

(7) $|\vec{a} + \vec{b}|^2 = (\vec{a} + \vec{b}) \cdot (\vec{a} + \vec{b}) = |\vec{a}|^2 + 2\vec{a} \cdot \vec{b} + |\vec{b}|^2$

(8) $\vec{i} \cdot \vec{i} = \vec{j} \cdot \vec{j} = \vec{k} \cdot \vec{k} = 1$

(9) $\vec{i} \cdot \vec{j} = \vec{j} \cdot \vec{k} = \vec{k} \cdot \vec{i} = 0$ （相互垂直）

註：二向量相加，其結果還是為一向量，二向量的內積，其結果為一數值 $\in R$，而向量和一數值乘積，結果也是一向量。

4. 【方向餘弦的值】

(1) 一個向量的方向餘弦是此向量和三個座標軸的夾角的餘弦值。

(2) 若三維向量 $\vec{v} = [a, b, c]$ 的三個方向餘弦分別為 $\cos\alpha$，$\cos\beta$，$\cos\gamma$，則：

$$\cos\alpha = \frac{a}{|\vec{v}|} \text{、} \cos\beta = \frac{b}{|\vec{v}|} \text{、} \cos\gamma = \frac{c}{|\vec{v}|}$$

證明：$\vec{v}$ 和 x 軸 ($= [1, 0, 0]$) 的夾角為

$$\vec{v} \cdot [1, 0, 0] = |\vec{v}| \cdot 1 \cdot \cos\alpha \Rightarrow \cos\alpha = \frac{a}{|\vec{v}|}$$

5. 【向量的運算】常使用的向量運算公式如下：

(1) $|\vec{u}|^2 = \vec{u} \cdot \vec{u} = \vec{u}^2$

(2) $(\vec{u} + \vec{v})^2 = (\vec{u} + \vec{v}) \cdot (\vec{u} + \vec{v}) = |\vec{u}|^2 + 2\vec{u} \cdot \vec{v} + |\vec{v}|^2$

(3) $(\vec{u} + \vec{v}) \cdot (\vec{u} - \vec{v}) = \vec{u}^2 - \vec{v}^2$

例6 若 $|\vec{a}|=3$、$|\vec{b}|=4$、$\vec{a}$ 和 $\vec{b}$ 的夾角為 $60°$，求 (1) $|\vec{a}+2\vec{b}|$；
(2) $|2\vec{a}-\vec{b}|$。

做法 要求向量的長度通常會先將長度平方後再求，會比較容易些

解 (1) $(\vec{a}+2\vec{b})^2 = |\vec{a}|^2 + 4\vec{a}\cdot\vec{b} + 4|\vec{b}|^2$
　　而 $\vec{a}\cdot\vec{b} = |\vec{a}||\vec{b}|\cos\theta = 3\cdot4\cdot\cos60° = 6$
　　所以 $(\vec{a}+2\vec{b})^2 = 3^2 + 4\cdot6 + 4\cdot4^2 = 97$
　　　　$\Rightarrow |\vec{a}+2\vec{b}| = \sqrt{97}$
　　(2) $(2\vec{a}-\vec{b})^2 = 4|\vec{a}|^2 - 4\vec{a}\cdot\vec{b} + |\vec{b}|^2 = 4\cdot3^2 - 4\cdot6 + 4^2 = 28$
　　　　$\Rightarrow |2\vec{a}-\vec{b}| = \sqrt{28}$

例7 若三維向量 $\vec{v} = [2, 3, 6]$，其與正 x, y, z 軸的夾角分別是 α, β 和 γ，求此三個角度所對應的餘弦

解 $|\vec{v}| = \sqrt{2^2 + 3^2 + 6^2} = 7$
　　三個方向餘弦分別為：
　　$\cos\alpha = \dfrac{a}{|\vec{v}|} = \dfrac{2}{7}$、$\cos\beta = \dfrac{b}{|\vec{v}|} = \dfrac{3}{7}$、$\cos\gamma = \dfrac{c}{|\vec{v}|} = \dfrac{6}{7}$

例8 若點 $A(2, 3, 4)$ 和點 $B(x, y, z)$ 間的距離為 14，$\overrightarrow{AB}$ 向量的方向餘弦分別為 $\dfrac{2}{7}$，$\dfrac{-3}{7}$，$\dfrac{6}{7}$，求點 B 的坐標。

解 $\overrightarrow{AB} = [x-2, y-3, z-4]$，又 $|\overrightarrow{AB}| = 14$
　　三個方向餘弦分別為：
　　$\cos\alpha = \dfrac{x-2}{|\overrightarrow{AB}|} = \dfrac{x-2}{14} = \dfrac{2}{7} \Rightarrow x = 6$
　　$\cos\beta = \dfrac{y-3}{|\overrightarrow{AB}|} = \dfrac{y-3}{14} = \dfrac{-3}{7} \Rightarrow y = -3$

$$\cos\gamma = \frac{z-4}{|\overrightarrow{AB}|} = \frac{z-4}{14} = \frac{6}{7} \Rightarrow z = 16$$

所以點 B 為 $(6, -3, 16)$

例 9 $\vec{x}$，$\vec{y}$為二向量，下列情況在何條件下才會成立

(1) $|\vec{x}+\vec{y}| = |\vec{x}|+|\vec{y}|$

(2) $|\vec{x}|^2 + |\vec{y}|^2 = |\vec{x}+\vec{y}|^2$

(3) $|\vec{x}\cdot\vec{y}| = |\vec{x}||\vec{y}|$

(4) $\vec{x}\cdot\vec{y} = |\vec{x}||\vec{y}|$

(5) $|\vec{x}|-|\vec{y}| \le |\vec{x}-\vec{y}|$

解 (1) $\vec{x}$和$\vec{y}$平行且同向時，等號才成立。

(2) $\vec{x}$和$\vec{y}$垂直時，等號才成立（直角三角形二邊的平方和等於斜邊的平方）

(3) $\vec{x}$和$\vec{y}$平行時，等號成立（$\vec{x}\cdot\vec{y} = |\vec{x}||\vec{y}|\cos\theta$）

(4) $\vec{x}$和$\vec{y}$平行且方向相同時，等號成立
   （$\vec{x}\cdot\vec{y} = |\vec{x}||\vec{y}|\cos\theta$）

(5) 任何條件均成立（若$\vec{x}$和$\vec{y}$不平行，等號不成立）

例 10 設$\vec{x}$，$\vec{y}$是單位向量且相互垂直，證明對任何常數 s 和 $t \in R$，有 $|s\vec{x}+t\vec{y}|^2 = s^2 + t^2$

證 $|s\vec{x}+t\vec{y}|^2 = (s\vec{x}+t\vec{y})\cdot(s\vec{x}+t\vec{y}) = s^2\vec{x}\cdot\vec{x} + 2st\vec{x}\cdot\vec{y} + t^2\vec{y}\cdot\vec{y}$

其中$\vec{x}\cdot\vec{x} = |\vec{x}|^2 = 1$，$\vec{y}\cdot\vec{y} = |\vec{y}|^2 = 1$

因$\vec{x}$，$\vec{y}$垂直$\Rightarrow \vec{x}\cdot\vec{y} = 0$

$\Rightarrow$ 原式$= s^2 + t^2$得證

2.2 向量的外積

6.【外積的定義】

(1)若二向量 $\vec{a} = x_1\vec{i} + y_1\vec{j} + z_1\vec{k}$、$\vec{b} = x_2\vec{i} + y_2\vec{j} + z_2\vec{k}$ 的夾角
為 θ，則其外積〔outer product 或稱為向量積（vector product），或叉積（cross product）〕定義為：

$$\vec{a} \times \vec{b} = \begin{vmatrix} \vec{i} & \vec{j} & \vec{k} \\ x_1 & y_1 & z_1 \\ x_2 & y_2 & z_2 \end{vmatrix}$$
（註：$\vec{a}$ 在前面，$[x_1, y_1, z_1]$ 要放在上面，$\vec{b}$ 在後面，$[x_2, y_2, z_2]$ 要放在下面）

其為一向量，其大小為 $|\vec{a} \times \vec{b}| = |\vec{a}||\vec{b}|\sin\theta$；其方向是由笛卡兒座標系統的右旋定則決定，即：四指指到 $\vec{a}$ 的方向，四指再掃到 $\vec{b}$ 的方向，大拇指的方向就是 $\vec{a} \times \vec{b}$ 的方向，此 $\vec{a}$、$\vec{b}$、$\vec{a} \times \vec{b}$ 是右旋定則。

(2) $\vec{a} \times \vec{b}$ 的方向同時垂直 $\vec{a}$ 向量和 $\vec{b}$ 向量（$\vec{a}$，$\vec{b}$ 二向量本身不一定垂直）

(3)若 $\vec{a} \times \vec{b} = \begin{vmatrix} \vec{i} & \vec{j} & \vec{k} \\ x_1 & y_1 & z_1 \\ x_2 & y_2 & z_2 \end{vmatrix} = p\vec{i} + q\vec{j} + r\vec{k}$，其大小也可表成

$$|\vec{a} \times \vec{b}| = \sqrt{p^2 + q^2 + r^2} = |\vec{a}||\vec{b}|\sin\theta$$

例 11 若二向量 $\vec{a} = [1, 1, 0]$、$\vec{b} = [3, 0, 0]$，求：(1) $\vec{a} \times \vec{b}$；
(2)$|\vec{a} \times \vec{b}|$；(3) $\vec{a}$，$\vec{b}$ 的夾角

解 (1) $\vec{a} \times \vec{b} = \begin{vmatrix} \vec{i} & \vec{j} & \vec{k} \\ 1 & 1 & 0 \\ 3 & 0 & 0 \end{vmatrix} = -3\vec{k}$，其為一向量

(2) 其大小為 $|\vec{a} \times \vec{b}| = \sqrt{0^2 + 0^2 + (-3)^2} = 3$；

(3) $\vec{a} \cdot \vec{b} = |\vec{a}||\vec{b}| \cos\theta$

$\Rightarrow [1, 1, 0] \cdot [3, 0, 0] = \sqrt{1^2 + 1^2 + 0^2}\sqrt{3^2 + 0^2 + 0^2} \cos\theta$

$\Rightarrow \cos\theta = \dfrac{3}{3\sqrt{2}} \Rightarrow \cos\theta = \dfrac{1}{\sqrt{2}} \Rightarrow \theta = \dfrac{\pi}{4}$

註：$\sin\theta$ 在第一二象限均為正值，無法知道 θ 在哪個象限

例 12 若二向量 $|\vec{a}| = 2$、$|\vec{b}| = 3$、$\vec{a} \cdot \vec{b} = 4$，求 $|\vec{a} \times \vec{b}|$

解 $|\vec{a} \times \vec{b}| = |\vec{a}||\vec{b}| \sin\theta$

又 $\vec{a} \cdot \vec{b} = |\vec{a}||\vec{b}| \cos\theta = 2 \cdot 3 \cos\theta = 4$

$\Rightarrow \cos\theta = \dfrac{2}{3} \Rightarrow \sin\theta = \dfrac{\sqrt{5}}{3}$

所以 $|\vec{a} \times \vec{b}| = |\vec{a}||\vec{b}| \sin\theta = 2 \cdot 3 \cdot \dfrac{\sqrt{5}}{3} = 2\sqrt{5}$

例 13 若 $\vec{a} = [1, 2, 3]$、$\vec{b} = [2, -1, 2]$，求單位向量 $\vec{c}$，使得 $\vec{c}$ 垂直 $\vec{a}$ 和 $\vec{b}$

解 因 $\vec{a} \times \vec{b}$ 的方向同時垂直 $\vec{a}$ 向量和 $\vec{b}$ 向量，所以

$\vec{a} \times \vec{b} = \begin{vmatrix} \vec{i} & \vec{j} & \vec{k} \\ 1 & 2 & 3 \\ 2 & -1 & 2 \end{vmatrix} = 7\vec{i} + 4\vec{j} - 5\vec{k}$

而 $|\vec{a} \times \vec{b}| = \sqrt{7^2 + 4^2 + (-5)^2} = \sqrt{90}$

單位向量 $\vec{c} = \dfrac{\vec{a} \times \vec{b}}{|\vec{a} \times \vec{b}|} = \dfrac{7}{\sqrt{90}}\vec{i} + \dfrac{4}{\sqrt{90}}\vec{j} - \dfrac{5}{\sqrt{90}}\vec{k}$

或 $\vec{c} = \dfrac{-\vec{a} \times \vec{b}}{|\vec{a} \times \vec{b}|} = \dfrac{-7}{\sqrt{90}}\vec{i} + \dfrac{-4}{\sqrt{90}}\vec{j} + \dfrac{5}{\sqrt{90}}\vec{k}$（反方向）

7.【外積的特性】若 $\vec{A}$、$\vec{B}$、$\vec{C}$ 為三向量，且 $r \in R$，則

(1) $\vec{A} \times \vec{B} = -\vec{B} \times \vec{A}$（外積不具交換性，大小相等，方向相反）

(2) $\vec{A} \times (\vec{B} + \vec{C}) = \vec{A} \times \vec{B} + \vec{A} \times \vec{C}$

(3) $r(\vec{A} \times \vec{B}) = (r\vec{A}) \times \vec{B} = \vec{A} \times (r\vec{B})$

(4) $\vec{i} \times \vec{i} = \vec{j} \times \vec{j} = \vec{k} \times \vec{k} = \vec{0}$，（二個平行的向量，其外積為 $\vec{0}$）

$\vec{i} \times \vec{j} = \vec{k}$，$\vec{j} \times \vec{k} = \vec{i}$，$\vec{k} \times \vec{i} = \vec{j}$

(5) 若 $\vec{A} \times \vec{B} = \vec{0}$ 且 $\vec{A}$、$\vec{B}$ 均不為 $\vec{0}$，則 $\vec{A}$、$\vec{B}$ 相互平行

(6) $\vec{A} \times \vec{A} = \vec{0}$（註：$\vec{A}$ 和 $\vec{A}$ 平行）

例 14　若二向量 $\vec{a} = [1, 1, 2]$、$\vec{b} = [3, 2, 1]$，求

(1) $\vec{a} \times \vec{b}$；(2) $\vec{b} \times \vec{a}$；(3) $(\vec{a} + \vec{b}) \times (\vec{a} - \vec{b})$；

解 (1) $\vec{a} \times \vec{b} = \begin{vmatrix} \vec{i} & \vec{j} & \vec{k} \\ 1 & 1 & 2 \\ 3 & 2 & 1 \end{vmatrix} = -3\vec{i} + 5\vec{j} - \vec{k}$

(2) $\vec{b} \times \vec{a} = \begin{vmatrix} \vec{i} & \vec{j} & \vec{k} \\ 3 & 2 & 1 \\ 1 & 1 & 2 \end{vmatrix} = 3\vec{i} - 5\vec{j} + \vec{k} = -\vec{a} \times \vec{b}$

(3) $\vec{a} + \vec{b} = [4, 3, 3]$，$\vec{a} - \vec{b} = [-2, -1, 1]$

$(\vec{a} + \vec{b}) \times (\vec{a} - \vec{b}) = \begin{vmatrix} \vec{i} & \vec{j} & \vec{k} \\ 4 & 3 & 3 \\ -2 & -1 & 1 \end{vmatrix} = 6\vec{i} - 10\vec{j} + 2\vec{k}$

8.【三向量乘積的特性】若 $\vec{A} = A_1\vec{i} + A_2\vec{j} + A_3\vec{k}$、$\vec{B} = B_1\vec{i} + B_2\vec{j} + B_3\vec{k}$、$\vec{C} = C_1\vec{i} + C_2\vec{j} + C_3\vec{k}$ 為三向量，且 $r \in R$，則

(1)$(\vec{A} \cdot \vec{B}) \times \vec{C} \neq \vec{A} \cdot (\vec{B} \times \vec{C})$（外積不具結合性）

　　（註：第一項 $(\vec{A} \cdot \vec{B}) \times \vec{C}$ 無意義，因 $\vec{A} \cdot \vec{B}$ 爲常數）

(2)$(\vec{A} \times \vec{B}) \times \vec{C} \neq \vec{A} \times (\vec{B} \times \vec{C})$（外積不具結合性）

(3)$\vec{A} \cdot (\vec{B} \times \vec{C}) = (\vec{A} \times \vec{B}) \cdot \vec{C} = \begin{vmatrix} A_1 & A_2 & A_3 \\ B_1 & B_2 & B_3 \\ C_1 & C_2 & C_3 \end{vmatrix}$，稱爲純量三重積

　　（scalar triple product）

　　（註：$\vec{A} \cdot (\vec{B} \times \vec{C})$ 可表示成 $[\vec{A}\vec{B}\vec{C}]$，它是一純量）

(4)(a) $\vec{A} \times (\vec{B} \times \vec{C}) = (\vec{A} \cdot \vec{C})\vec{B} - (\vec{A} \cdot \vec{B})\vec{C}$

　　(b) $(\vec{A} \times \vec{B}) \times \vec{C} = -\vec{C} \times (\vec{A} \times \vec{B}) = (\vec{A} \cdot \vec{C})\vec{B} - (\vec{B} \cdot \vec{C})\vec{A}$

　　稱爲向量三重積（vector triple product）。

例 15 若二向量 $\vec{A} = [3, -1, 2]$、$\vec{B} = [2, 1, -1]$、$\vec{C} = [1, -2, 2]$，求

　　(1) $(\vec{A} \times \vec{B}) \times \vec{C}$；(2) $\vec{A} \times (\vec{B} \times \vec{C})$；(3) $\vec{A} \cdot (\vec{B} \times \vec{C})$

解 (1) $\vec{A} \times \vec{B} = \begin{vmatrix} \vec{i} & \vec{j} & \vec{k} \\ 3 & -1 & 2 \\ 2 & 1 & -1 \end{vmatrix} = -\vec{i} + 7\vec{j} + 5\vec{k}$，

$$(\vec{A} \times \vec{B}) \times \vec{C} = \begin{vmatrix} \vec{i} & \vec{j} & \vec{k} \\ -1 & 7 & 5 \\ 1 & -2 & 2 \end{vmatrix} = 24\vec{i} + 7\vec{j} - 5\vec{k}$$

(2) $\vec{B} \times \vec{C} = \begin{vmatrix} \vec{i} & \vec{j} & \vec{k} \\ 2 & 1 & -1 \\ 1 & -2 & 2 \end{vmatrix} = 0\vec{i} - 5\vec{j} - 5\vec{k}$，

$$\vec{A} \times (\vec{B} \times \vec{C}) = \begin{vmatrix} \vec{i} & \vec{j} & \vec{k} \\ 3 & -1 & 2 \\ 0 & -5 & -5 \end{vmatrix} = 15\vec{i} + 15\vec{j} - 15\vec{k}$$

由上可知，$(\vec{A} \times \vec{B}) \times \vec{C} \neq \vec{A} \times (\vec{B} \times \vec{C})$

(3) $\vec{A} \cdot (\vec{B} \times \vec{C}) = \begin{vmatrix} 3 & -1 & 2 \\ 2 & 1 & -1 \\ 1 & -2 & 2 \end{vmatrix} = -5$

或 $\vec{A} \cdot (\vec{B} \times \vec{C}) = [3, -1, 2] \cdot [0, -5, -5] = -5$

2.3　向量的內外積的應用

9.【平行四邊形面積】若 $\vec{A}$、$\vec{B}$ 為一平行四邊形同一頂點的
相鄰二向量，則由此二向量所圍出來的平行四邊形面積
為 $|\vec{A} \times \vec{B}|$

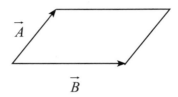

10.【三角形面積】若 $\vec{A}$、$\vec{B}$ 為一三角形同一頂點的相鄰二向
量，則由此二向量所圍出來的三角形面積為 $\dfrac{1}{2}|\vec{A} \times \vec{B}|$

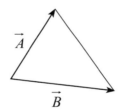

11.【純量三重積】三向量 $\vec{A}$、$\vec{B}$、$\vec{C}$ 的純量三重積為 $\vec{A} \cdot (\vec{B} \times \vec{C})$，
也記成 $[\vec{A}\,\vec{B}\,\vec{C}]$，其結果為一純量。$\vec{A} \cdot (\vec{B} \times \vec{C})$ 也可寫成
$\vec{A} \cdot \vec{B} \times \vec{C}$，因 $(\vec{A} \cdot \vec{B}) \times \vec{C}$ 是無意義的

12.【平行六面體（斜方體）體積】

　(1) 若 $\vec{A}$、$\vec{B}$、$\vec{C}$ 為一平行六面體同一頂點的相鄰三向量，
　　　則由此三向量所圍出來的平行六面體體積為（見下圖）
　　　$[\vec{A}\,\vec{B}\,\vec{C}] = \vec{A} \cdot (\vec{B} \times \vec{C})$（結果要為正值）；

　(2) 若 $[\vec{A}\,\vec{B}\,\vec{C}] = 0$，表示 $\vec{A}$、$\vec{B}$、$\vec{C}$ 三向量在同一平面上，
　　　也就是由此三向量所圍出來的平行六面體體積為 0。

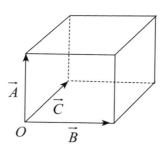

13.【四面體體積】若 $\vec{A}$、$\vec{B}$、$\vec{C}$ 為一四面體同一頂點的相鄰三向量，則由此三向量所圍出來的四面體體積為（見下圖）

$$\frac{1}{6}[\vec{A}\vec{B}\vec{C}] = \frac{1}{6}[\vec{A} \cdot (\vec{B} \times \vec{C})] \text{（結果要為正值）}$$

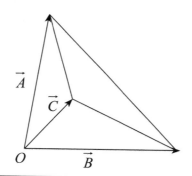

例 16　有二向量 $\vec{A} = [2, -3, 0]$、$\vec{B} = [1, 1, -1]$，(1) 求其所夾成的平行四邊形面積，(2) 求其所夾成的三角形面積

解　$\vec{A} \times \vec{B} = \begin{vmatrix} \vec{i} & \vec{j} & \vec{k} \\ 2 & -3 & 0 \\ 1 & 1 & -1 \end{vmatrix} = 3\vec{i} + 2\vec{j} + 5\vec{k}$

$\Rightarrow |\vec{A} \times \vec{B}| = \sqrt{3^2 + 2^2 + 5^2} = \sqrt{38}$

(1) 平行四邊形面積為 $|\vec{A} \times \vec{B}| = \sqrt{38}$

(2) 三角形面積為 $\frac{1}{2}|\vec{A} \times \vec{B}| = \frac{\sqrt{38}}{2}$

例 17 有三向量 $\vec{A} = [2, -3, 0]$、$\vec{B} = [1, 1, -1]$、$\vec{C} = [3, 0, -1]$，
(1) 求其所夾成的平行六面體體積，(2) 求其所夾成的四面體體積

解 (1) 平行六面體體積 $= \vec{A} \cdot (\vec{B} \times \vec{C}) = \begin{vmatrix} 2 & -3 & 0 \\ 1 & 1 & -1 \\ 3 & 0 & -1 \end{vmatrix} = 4$

(2) 四面體體積 $= \dfrac{1}{6} \cdot \vec{A} \cdot (\vec{B} \times \vec{C}) = \dfrac{1}{6} \begin{vmatrix} 2 & -3 & 0 \\ 1 & 1 & -1 \\ 3 & 0 & -1 \end{vmatrix} = \dfrac{4}{6} = \dfrac{2}{3}$

練習題

1. 若 $\vec{a} = [2, 1, 4]$，$\vec{b} = [-4, 0, 3]$，$\vec{c} = [3, -2, 1]$，求下列的結果：

   (1) $\vec{a} \cdot \vec{b}$；(2) $|3\vec{a} - 2\vec{b}|$；(3) $\vec{a} \cdot (\vec{b} + \vec{c})$；(4) $(\vec{a} \cdot \vec{b})\vec{c}$；
   (5) $(\vec{a} - \vec{b}) \cdot \vec{c}$；(6) $4\vec{a} \cdot 3\vec{c}$；(7) $6(\vec{a} + \vec{b}) \cdot (\vec{a} - \vec{b})$；(8) $|\vec{a} \cdot \vec{c}|$；

   答 (1)4；(2)$\sqrt{241}$；(3)12；(4)[12, -8, 4]；(5)17；(6)96；
   　　(7)-24；(8)8

2. 求下面 (a) $\vec{a}$，$\vec{b}$夾角的 cos 值；(b) $\vec{a}$ 在 $\vec{b}$方向的分量

   (1) $\vec{a} = [2, 1, 4]$，$\vec{b} = [-4, 0, 3]$；(2) $\vec{a} = [1, 1, 0]$，$\vec{b} = [0, 0, 3]$；(3) $\vec{a} = [1, 0, 0]$，$\vec{b} = [1, 0, 3]$；

   答 (1)(a) $\dfrac{4}{5\sqrt{21}}$；(b)$|\vec{a}| \cos\theta \cdot \dfrac{\vec{b}}{|\vec{b}|} = \dfrac{4}{25}[-4, 0, 3]$

   　　(2)(a)0；(b) $\vec{0}$

   　　(3)(a) $\dfrac{1}{\sqrt{10}}$；(b) $\dfrac{1}{10}[1, 0, 3]$

3. $\vec{a} = [x, -2, 1]$，$\vec{b} = [2x, x, -4]$，若$\vec{a}$，$\vec{b}$，垂直，求 x 之值

   答 $x = 2$ 或 -1

4. 若$\vec{A} = [3, -1, -2]$，$\vec{B} = [2, 3, 1]$，求 (a) $|\vec{A} \times \vec{B}|$；(b) $(\vec{A} + 2\vec{B}) \times (2\vec{A} - \vec{B})$；(c) $|(\vec{A} + \vec{B}) \times (\vec{A} - \vec{B})|$

   答 (a) $\sqrt{195}$；(b) $[-25, 35, -55]$；(c) $2\sqrt{195}$；

5. 若$\vec{A} = [1, -2, -3]$，$\vec{B} = [2, 1, -1]$，$\vec{C} = [1, 3, -2]$，求 (a) $|(\vec{A} \times \vec{B}) \times \vec{C}|$；(b) $|\vec{A} \times (\vec{B} \times \vec{C})|$；(c) $\vec{A} \cdot (\vec{B} \times \vec{C})$；(d) $(\vec{A} \times \vec{B}) \cdot \vec{C}$；(e) $(\vec{A} \times \vec{B}) \times (\vec{B} \times \vec{C})$；(f) $(\vec{A} \times \vec{B})(\vec{B} \cdot \vec{C})$

   答 (a) $5\sqrt{26}$；(b) $3\sqrt{10}$；(c) -20；(d) -20；(e) $[-40, -20, 20]$；(f) $[35, -35, 35]$；

6. 若$\vec{a} = [2, -6, -3]$，$\vec{b} = [4, 3, -1]$，求單位向量$\vec{c}$，使得$\vec{c}$垂直$\vec{a}$和$\vec{b}$

   答 $\vec{c} = \left[\dfrac{3}{7}, \dfrac{-2}{7}, \dfrac{6}{7} \right]$

7. 若三角形 3 頂點為 $A = (3, -1, 2)$，$B = (1, -1, -3)$，$C = (4, -3, 1)$，求此三角形面積

   答 $\dfrac{\sqrt{165}}{2}$

8. 若平行六面體是由 $[2, -3, 4]$，$[1, 2, -1]$，$[3, -1, 2]$，求其所夾成的體積

   答 7

9. 若四面體是由 $[2, -3, 4]$，$[1, 2, -1]$，$[3, -1, 2]$，求其所夾成的體積

   答 $\dfrac{7}{6}$

第 **3** 章　向量微分

　　本章將介紹：向量的微分、向量的偏微分、向量的全微分和微分幾何等。

3.1　向量的微分

1. 【曲線方程式】本節是向量函數只有一個自變數的情況
   (1) 空間上有一曲線 C（見下圖），原點到曲線上的任何一點可以用下列的向量（參數）表示之：
   $$\vec{r}(t) = x(t)\vec{i} + y(t)\vec{j} + z(t)\vec{k}，$$
   則在曲線 $t = t_0$ 點的位置向量（由原點到此點的向量）
   為 $\vec{r}(t_0) = x(t_0)\vec{i} + y(t_0)\vec{j} + z(t_0)\vec{k}$。
   $\vec{r}(t)$ 稱為此曲線 C 的終點曲線或軌跡。

   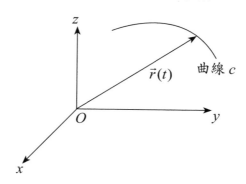

   (2) 在終點曲線 $\vec{r}(t)$ 中，t 增加的方向為此曲線移動的正方向。

例 1　通過點 $(3, 2, 1)$，方向向量為 $[2, 1, 5]$ 的直線參數方程式為何？

做法 直線的方程式是點 $(3, 2, 1)$ 到原點的向量加上 t 乘以直線的方向向量

解 $\vec{r}(t) = [3 - 0, 2 - 0, 1 - 0] + t[2, 1, 5] = [3 + 2t, 2 + t, 1 + 5t]$
$$= (3 + 2t)\,\vec{i} + (2 + t)\,\vec{j} + (1 + 5t)\,\vec{k}$$

例 2 有一空間圓柱曲線，圓在 xy 平面的半徑爲 a，圓柱在 z 軸的上升速率爲 ct，求 (1) 此圓柱曲線方程式爲何？ (2)$t = 0$ 時的位置爲？

做法 xy 平面上，半徑爲 a 的圓的參數式爲（$a\cos t$, $a\sin t$）

解 (1) $\vec{r}(t) = [a\cos(t), a\sin(t), c \cdot t]$
$$= a\cos(t)\vec{i} + a\sin(t)\vec{j} + (c \cdot t)\vec{k}$$
(2)$\vec{r}(0) = a\cos(0)\vec{i} + a\sin(0)\vec{j} + (c \cdot 0)\vec{k} = a\vec{i} + 0\vec{j} + 0\vec{k}$

例 3 橢圓柱面 $\dfrac{x^2}{3} + \dfrac{y^2}{4} = 1$ 和平面 $5x - 3z = 0$ 的相交曲線，請以參數表示法表示之

做法 將橢圓柱的方程式以參數式表示，再代入平面方程式內

解 由 $\dfrac{x^2}{3} + \dfrac{y^2}{4} = 1 \Rightarrow x = \sqrt{3}\cos t$，$y = 2\sin t$

代入 $5x - 3z = 0 \Rightarrow 5 \cdot \sqrt{3}\cos t - 3z = 0 \Rightarrow z = \dfrac{5\sqrt{3}}{3}\cos t$

所以相交曲線方程式為

$$\vec{r}(t) = \sqrt{3}\cos(t)\vec{i} + 2\sin(t)\vec{j} + \frac{5\sqrt{3}}{3}\cos(t)\vec{k}$$

2. 【向量微分】若 $\vec{R}(t) = x(t)\vec{i} + y(t)\vec{j} + z(t)\vec{k}$ 是一向量函數（註：$x(t)$, $y(t)$, $z(t)$ 是純量函數），則 $\vec{R}(t)$ 的微分爲各分量個別的微分，即：

(a) $\dfrac{d\vec{R}(t)}{dt} = \dfrac{dx(t)}{dt}\vec{i} + \dfrac{dy(t)}{dt}\vec{j} + \dfrac{dz(t)}{dt}\vec{k}$

(b) $\dfrac{d^2\vec{R}(t)}{dt^2} = \dfrac{d^2x(t)}{dt^2}\vec{i} + \dfrac{d^2y(t)}{dt^2}\vec{j} + \dfrac{d^2z(t)}{dt^2}\vec{k}$

3. 【向量微分性質】若 $\vec{A}(t)$、$\vec{B}(t)$ 和 $\vec{C}(t)$ 是 t 的向量，$f(t)$ 是一純量，則

(1) $\dfrac{d}{dt}\left(\vec{A}(t) + \vec{B}(t)\right) = \dfrac{d\vec{A}(t)}{dt} + \dfrac{d\vec{B}(t)}{dt}$

(2) $\dfrac{d}{dt}\left(\vec{A}(t) \cdot \vec{B}(t)\right) = \dfrac{d\vec{A}(t)}{dt} \cdot \vec{B}(t) + \vec{A}(t) \cdot \dfrac{d\vec{B}(t)}{dt}$ （·是內積）

(3) $\dfrac{d}{dt}\left(\vec{A}(t) \times \vec{B}(t)\right) = \dfrac{d\vec{A}(t)}{dt} \times \vec{B}(t) + \vec{A}(t) \times \dfrac{d\vec{B}(t)}{dt}$ （×是外積）

(4) $\dfrac{d}{dt}\left(f(t) \cdot \vec{A}(t)\right) = f(t) \cdot \dfrac{d\vec{A}(t)}{dt} \cdot + \dfrac{df(t)}{dt} \cdot \vec{A}(t)$ （·是乘號）

(5) $\dfrac{d}{dt}\left(\vec{A}(t) \cdot \vec{B}(t) \times \vec{C}(t)\right) =$

$\vec{A}(t) \cdot \vec{B}(t) \times \dfrac{d\vec{C}(t)}{dt} + \vec{A}(t) \cdot \dfrac{d\vec{B}(t)}{dt} \times \vec{C}(t) + \dfrac{d\vec{A}(t)}{dt} \cdot \vec{B}(t) \times \vec{C}(t)$

(6) $\dfrac{d}{dt}\left(\vec{A}(t) \times (\vec{B}(t) \times \vec{C}(t))\right) =$

$\vec{A}(t) \times (\vec{B}(t) \times \dfrac{d\vec{C}(t)}{dt}) + \vec{A}(t) \times (\dfrac{d\vec{B}(t)}{dt} \times \vec{C}(t))$

$+ \dfrac{d\vec{A}(t)}{dt} \times (\vec{B}(t) \times \vec{C}(t))$

4. 【幾何意義】$\vec{R}(t)$ 的微分表示曲線 C 在該點的切線向量，其方向指向曲線 C 的正方向。

例 4　若 $\vec{r}(t) = \cos(t)\vec{i} + \sin(t)\vec{j} + t\vec{k}$，求 (a) $\dfrac{d\vec{r}}{dt}$；(b) $\dfrac{d^2\vec{r}}{dt^2}$；

(c) $|\dfrac{d\vec{r}}{dt}|$；(d) $|\dfrac{d^2\vec{r}}{dt^2}|$；

解　(1) $\dfrac{d\vec{r}}{dt} = \dfrac{d\cos(t)}{dt}\vec{i} + \dfrac{d\sin(t)}{dt}\vec{j} + \dfrac{dt}{dt}\vec{k} = -\sin t\vec{i} + \cos t\vec{j} + 1\vec{k}$

(2) $\dfrac{d^2\vec{r}}{dt^2} = \dfrac{d}{dt}[-\sin t\vec{i} + \cos t\vec{j} + 1\vec{k}] = -\cos t\vec{i} - \sin t\vec{j} + 0\vec{k}$

(3) $|\dfrac{d\vec{r}}{dt}| = \sqrt{(-\sin t)^2 + (\cos t)^2 + 1^2} = \sqrt{2}$

(4) $|\dfrac{d^2\vec{r}}{dt^2}| = \sqrt{(-\cos t)^2 + (-\sin t)^2} = 1$

例 5　若有一粒子在時間 t 的位置為 $\vec{r}(t) = e^{-t}\vec{i} + 4\cos(t)\vec{j} + 4\sin(t)\vec{k}$，求 (a) 其速度；(b) 其加速度；(c) 其 $t = 0$ 時的速度；(d) 其 $t = 0$ 時的加速度。

做法　位置的微分是速度，速度的微分是加速度

解　(a) 速度 $\vec{v}(t) = \dfrac{d\vec{r}(t)}{dt} = -e^{-t}\vec{i} - 4\sin(t)\vec{j} + 4\cos(t)\vec{k}$；

(b) 其加速度 $\vec{a}(t) = \dfrac{d\vec{v}(t)}{dt} = e^{-t}\vec{i} - 4\cos(t)\vec{j} - 4\sin(t)\vec{k}$；

(c) $\vec{v}(0) = -e^{-0}\vec{i} - 4\sin(0)\vec{j} + 4\cos(0)\vec{k} = -\vec{i} + 0\vec{j} + 4\vec{k}$；

(d) $\vec{a}(0) = e^{-0}\vec{i} - 4\cos(0)\vec{j} - 4\sin(0)\vec{k} = \vec{i} - 4\vec{j} + 0\vec{k}$。

例 6　若 $\vec{A} = 5t^2\vec{i} + t\cdot\vec{j} - t^3\vec{k}$、$\vec{B} = \sin t\cdot\vec{i} - \cos t\cdot\vec{j}$，求

(a) $\dfrac{d}{dt}(\vec{A}\cdot\vec{B})$；(b) $\dfrac{d}{dt}(\vec{A}\times\vec{B})$；(c) $\dfrac{d}{dt}(\vec{A}\cdot\vec{A})$

解　(a) $\vec{A}\cdot\vec{B} = 5t^2\sin t - t\cos t$

$$\frac{d}{dt}(\vec{A}\cdot\vec{B}) = (5t^2-1)\cos t + 11t\sin t$$

（也可代 $\dfrac{d}{dt}(\vec{A}\cdot\vec{B}) = \vec{A}\cdot\dfrac{d\vec{B}}{dt} + \dfrac{d\vec{A}}{dt}\cdot\vec{B}$ 解之）

(b) $\vec{A}\times\vec{B} = \begin{vmatrix} \vec{i} & \vec{j} & \vec{k} \\ 5t^2 & t & -t^3 \\ \sin t & -\cos t & 0 \end{vmatrix}$

$$= -t^3\cos t\,\vec{i} - t^3\sin t\,\vec{j} + (-5t^2\cos t - t\sin t)\vec{k}$$

$$\frac{d}{dt}(\vec{A}\times\vec{B}) = (t^3\sin t - 3t^2\cos t)\vec{i} - (t^3\cos t + 3t^2\sin t)\vec{j} +$$
$$(5t^2\sin t - \sin t - 11\cdot t\cdot\cos t)\vec{k}$$

（可代 $\dfrac{d}{dt}(\vec{A}\times\vec{B}) = \vec{A}\times\dfrac{d\vec{B}}{dt} + \dfrac{d\vec{A}}{dt}\times\vec{B}$ 解之）

(c) $\vec{A}\cdot\vec{A} = 25t^4 + t^2 + t^6$

$$\frac{d}{dt}(\vec{A}\cdot\vec{A}) = 100t^3 + 2t + 6t^5$$

例 7 求曲線 $\vec{r}(t) = (t+2)\vec{i} + (2t-1)\vec{j} + t^2\vec{k}$ 在任一點的切線單位向量

做法 $\vec{r}(t)$ 的微分表示曲線 C 在該點的切線向量

解 $\vec{r}'(t) = (1)\vec{i} + (2)\vec{j} + (2t)\vec{k}$

切線單位向量 $= \dfrac{\vec{r}'(t)}{|\vec{r}'(t)|} = \dfrac{1}{\sqrt{4t^2+5}}[\vec{i} + 2\vec{j} + 2t\vec{k}]$

3.2　向量的偏微分

5.【向量偏微分】本節是向量有二個（或以上）的自變數

  (1) 若 三 維 向 量 函 數 $\vec{A}(x,y,z) = f(x,y,z)\vec{i} + g(x,y,z)\vec{j} + h(x,y,z)\vec{k}$，則 $\vec{A}$ 的一階偏微分為

$$\frac{\partial \vec{A}}{\partial x} = \lim_{\Delta x \to 0} \frac{\vec{A}(x+\Delta x, y, z) - \vec{A}(x,y,z)}{\Delta x}$$

$$= \frac{\partial f(x,y,z)}{\partial x}\vec{i} + \frac{\partial g(x,y,z)}{\partial x}\vec{j} + \frac{\partial h(x,y,z)}{\partial x}\vec{k}$$

同理，$\dfrac{\partial \vec{A}}{\partial y} = \lim\limits_{\Delta y \to 0} \dfrac{\vec{A}(x, y+\Delta y, z) - \vec{A}(x,y,z)}{\Delta y}$

$$= \frac{\partial f(x,y,z)}{\partial y}\vec{i} + \frac{\partial g(x,y,z)}{\partial y}\vec{j} + \frac{\partial h(x,y,z)}{\partial y}\vec{k}$$

$$\frac{\partial \vec{A}}{\partial z} = \lim_{\Delta z \to 0} \frac{\vec{A}(x, y, z+\Delta z) - \vec{A}(x,y,z)}{\Delta z}$$

$$= \frac{\partial f(x,y,z)}{\partial z}\vec{i} + \frac{\partial g(x,y,z)}{\partial z}\vec{j} + \frac{\partial h(x,y,z)}{\partial z}\vec{k}$$

      註：對 x 偏微分，y, z 看成是常數；同理對 y，對 z 偏微分也一樣

  (2) $\vec{A}$ 的二階偏微分為

$$\frac{\partial^2 \vec{A}}{\partial x^2} = \frac{\partial}{\partial x}\left(\frac{\partial \vec{A}}{\partial x}\right), \ \frac{\partial^2 \vec{A}}{\partial y^2} = \frac{\partial}{\partial y}\left(\frac{\partial \vec{A}}{\partial y}\right), \ \frac{\partial^2 \vec{A}}{\partial z^2} = \frac{\partial}{\partial z}\left(\frac{\partial \vec{A}}{\partial z}\right)$$

$$\frac{\partial^2 \vec{A}}{\partial x \partial y} = \frac{\partial}{\partial x}\left(\frac{\partial \vec{A}}{\partial y}\right), \ \frac{\partial^2 \vec{A}}{\partial x \partial z} = \frac{\partial}{\partial x}\left(\frac{\partial \vec{A}}{\partial z}\right), \ \frac{\partial^2 \vec{A}}{\partial y \partial z} = \frac{\partial}{\partial y}\left(\frac{\partial \vec{A}}{\partial z}\right),$$

6.【向量偏微分性質】三維向量函數 $\vec{A}(x, y, z)$，$\vec{B}(x, y, z)$，此向量的偏微分的特性為

$$(1)\ \frac{\partial(\vec{A}\cdot\vec{B})}{\partial x}=\frac{\partial\vec{A}}{\partial x}\cdot\vec{B}+\vec{A}\cdot\frac{\partial\vec{B}}{\partial x}$$

$$(2)\ \frac{\partial(\vec{A}\times\vec{B})}{\partial x}=\frac{\partial\vec{A}}{\partial x}\times\vec{B}+\vec{A}\times\frac{\partial\vec{B}}{\partial x}$$

$$(3)\ \frac{\partial^2(\vec{A}\cdot\vec{B})}{\partial y\partial x}=\frac{\partial}{\partial y}(\frac{\partial\vec{A}}{\partial x}\cdot\vec{B}+\vec{A}\cdot\frac{\partial\vec{B}}{\partial x})$$

$$=(\frac{\partial^2\vec{A}}{\partial y\partial x}\cdot\vec{B}+\frac{\partial\vec{A}}{\partial x}\cdot\frac{\partial\vec{B}}{\partial y})+(\frac{\partial\vec{A}}{\partial y}\cdot\frac{\partial\vec{B}}{\partial x}+\vec{A}\cdot\frac{\partial^2\vec{B}}{\partial y\partial x})$$

例 8 若 $\vec{r}(t_1,t_2)=a\cos(t_1)\vec{i}+a\sin(t_1)\vec{j}+t_2\vec{k}$ ，求 $\dfrac{\partial\vec{r}}{\partial t_1}$ 、 $\dfrac{\partial^2\vec{r}}{\partial t_1^{\ 2}}$ 、 $\dfrac{\partial\vec{r}}{\partial t_2}$

和 $\dfrac{\partial^2\vec{r}}{\partial t_2^{\ 2}}$

解 $(1)\ \dfrac{\partial\vec{r}}{\partial t_1}=\dfrac{\partial[a\cos(t_1)]}{\partial t_1}\vec{i}+\dfrac{\partial[a\sin(t_1)]}{\partial t_1}\vec{j}+\dfrac{\partial t_2}{\partial t_1}\vec{k}$

$$=-a\sin t_1\vec{i}+a\cos t_1\vec{j}+0\vec{k}$$

$(2)\ \dfrac{\partial^2\vec{r}}{\partial t_1^{\ 2}}=\dfrac{\partial[-a\sin(t_1)]}{\partial t_1}\vec{i}+\dfrac{\partial[a\cos(t_1)]}{\partial t_1}\vec{j}$

$$=-a\cos t_1\vec{i}-a\sin t_1\vec{j}$$

$(3)\ \dfrac{\partial\vec{r}}{\partial t_2}=\dfrac{\partial[a\cos(t_1)]}{\partial t_2}\vec{i}+\dfrac{\partial[a\sin(t_1)]}{\partial t_2}\vec{j}+\dfrac{\partial t_2}{\partial t_2}=0\vec{i}+0\vec{j}+\vec{k}$

$(4)\ \dfrac{\partial^2\vec{r}}{\partial t_2^{\ 2}}=\dfrac{\partial 1}{\partial t_2}\vec{k}=0\vec{i}+0\vec{j}+0\vec{k}$

例 9 若 $\vec{A}(x, y) = (xy + y^2)\vec{i} + (2x + 3y)\vec{j} + (x^2 + y^2)\vec{k}$，求 $\dfrac{\partial \vec{A}}{\partial x}$、

$\dfrac{\partial^2 \vec{A}}{\partial x^2}$、$\dfrac{\partial \vec{A}}{\partial y}$、$\dfrac{\partial^2 \vec{A}}{\partial y^2}$ 和 $\dfrac{\partial^2 \vec{A}}{\partial x \partial y}$

解 (1) $\dfrac{\partial \vec{A}}{\partial x} = y\vec{i} + 2\vec{j} + 2x\vec{k}$

(2) $\dfrac{\partial^2 \vec{A}}{\partial x^2} = 0\vec{i} + 0\vec{j} + 2\vec{k}$

(3) $\dfrac{\partial \vec{A}}{\partial y} = (x + 2y)\vec{i} + 3\vec{j} + 2y\vec{k}$

(4) $\dfrac{\partial^2 \vec{A}}{\partial y^2} = 2\vec{i} + 0\vec{j} + 2\vec{k}$

(5) $\dfrac{\partial^2 \vec{A}}{\partial x \partial y} = \dfrac{\partial}{\partial x}[(x + 2y)\vec{i} + 3\vec{j} + 2y\vec{k}] = \vec{i} + 0\vec{j} + 0\vec{k}$

3.3 向量的全微分

7. 【向量全微分】向量的全微分的特性為

(1) 若 $\vec{A} = A_1\vec{i} + A_2\vec{j} + A_3\vec{k}$，則 $d\vec{A} = dA_1\vec{i} + dA_2\vec{j} + dA_3\vec{k}$

(2) 若 $\vec{A} = \vec{A}(x, y, z)$，則 $d\vec{A} = \dfrac{\partial \vec{A}}{\partial x}dx + \dfrac{\partial \vec{A}}{\partial y}dy + \dfrac{\partial \vec{A}}{\partial z}dz$

(3) 若 $\vec{A} = \vec{A}(x, y, z)$，$x = f(t)$，$y = g(t)$，$z = h(t)$

則 $\dfrac{d\vec{A}}{dt} = \dfrac{\partial \vec{A}}{\partial x}\dfrac{dx}{dt} + \dfrac{\partial \vec{A}}{\partial y}\dfrac{dy}{dt} + \dfrac{\partial \vec{A}}{\partial z}\dfrac{dz}{dt}$

例 10 若 $\vec{A} = (x + 2y + 3z)\vec{i} + (x^2 + y^2 + z^2)\vec{j} + xyz\vec{k}$，求 $d\vec{A}$

解 $d\vec{A} = \dfrac{\partial \vec{A}}{\partial x}dx + \dfrac{\partial \vec{A}}{\partial y}dy + \dfrac{\partial \vec{A}}{\partial z}dz$

$= (\vec{i} + 2x\vec{j} + yz\vec{k})dx + (2\vec{i} + 2y\vec{j} + xz\vec{k})dy + (3\vec{i} + 2z\vec{j} + xy\vec{k})dz$

例 11 若 $\vec{A}(x, y) = (x - y)\vec{i} + (2x + 3y)\vec{j} + (x^2 + y^2)\vec{k}$，$x = t^2 + t$，

$y = 2t$，求 $\dfrac{d\vec{A}}{dt}$

解 $\dfrac{d\vec{A}}{dt} = \dfrac{\partial \vec{A}}{\partial x}\dfrac{dx}{dt} + \dfrac{\partial \vec{A}}{\partial y}\dfrac{dy}{dt}$

$= (\vec{i} + 2\vec{j} + 2x\vec{k})(2t + 1) + (-\vec{i} + 3\vec{j} + 2y\vec{k})(2)$

$= (2t - 1)\vec{i} + (4t + 8)\vec{j} + (4tx + 2x + 4y)\vec{k}$

3.4　微分幾何

本單元將介紹：弧長、切線、曲率、扭率。

8.【弧長】

(1) 曲線 C 內任意兩點間的長度稱爲此段的弧長。

(2) 若曲線 C 的位置向量爲 $\vec{r}(t) = x(t)\vec{i} + y(t)\vec{j} + z(t)\vec{k}$，則

弧長爲 $l = \displaystyle\int_{(x_0,y_0,z_0)}^{(x,y,z)} \sqrt{(dx)^2 + (dy)^2 + (dz)^2}$

$$= \int_{t_0}^{t} \sqrt{\left(\frac{dx}{dt}\right)^2 + \left(\frac{dy}{dt}\right)^2 + \left(\frac{dz}{dt}\right)^2}\, dt$$

$$= \int_{t_0}^{t} \sqrt{\frac{d\vec{r}}{dt} \cdot \frac{d\vec{r}}{dt}}\, dt$$

（ 註：$d\vec{r} = dx\vec{i} + dy\vec{j} + dz\vec{k} \Rightarrow d\vec{r} \cdot d\vec{r} = (dx)^2 + (dy)^2 + (dz)^2$ ）

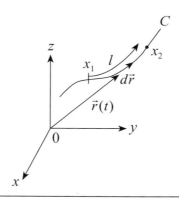

例 12　曲線 $\vec{r}(t) = a\cos(t)\vec{i} + a\sin(t)\vec{j}$ 爲一圓，求其 $t = 0$ 到 $t = t$ 的弧長爲何？

解　此題 $x = a\cos(t)$，$y = a\sin(t)$

$$弧長 s(t) = \int_0^t \sqrt{\left(\frac{dx}{dt}\right)^2 + \left(\frac{dy}{dt}\right)^2}\, dt$$

$$= \int_0^t \sqrt{(-a\sin t)^2 + (a\cos t)^2}\, dt$$

$$= \int_0^t a\, dt = at$$

例 13 曲線 $y = x^2$，$z = \dfrac{2}{3}x^3$，求由 $(0, 0, 0)$ 到 $(2, 4, \dfrac{16}{3})$ 的弧長為何？

解 弧長 $l = \displaystyle\int_{(x_0, y_0, z_0)}^{(x, y, z)} \sqrt{(dx)^2 + (dy)^2 + (dz)^2}$

$$= \int_{x=0}^2 \sqrt{\left(\frac{dx}{dx}\right)^2 + \left(\frac{dy}{dx}\right)^2 + \left(\frac{dz}{dx}\right)^2}\, dx$$

$$= \int_{x=0}^2 \sqrt{1^2 + (2x)^2 + (2x^2)^2}\, dx$$

$$= \int_0^2 (1 + 2x^2)\, dx = (x + \frac{2}{3}x^3)\Big|_0^2 = \frac{22}{3}$$

9.【切線】

(1) 曲線 C 上的一點 P 和其在曲線 C 鄰近的一點 P'，連接此二點 (P, P') 的直線為曲線 C 的割線（見下圖）。當點 P' 沿著曲線 C 非常趨近於點 P 時，此割線就是點 P 的切線。

(2) 若曲線 C 的位置向量 $\vec{r}(t) = x(t)\vec{i} + y(t)\vec{j} + z(t)\vec{k}$ 為一連續可微分的向量，則 $\vec{r}(t)$ 在 t 點的切線向量為 $\vec{r}' = \lim\limits_{\Delta t \to 0} \dfrac{\vec{r}(t + \Delta t) - \vec{r}(t)}{\Delta t}$，且

(a) 其切線單位向量為 $\vec{u} = \dfrac{\vec{r}'}{|\vec{r}'|}$，

(b) 此切線的參數表示法爲

$$q(w) = \vec{r}(t) + w\vec{r}'(t)，（-\infty < w < \infty）$$

其中 w 是該切線的參數，不同的 w 值表示在「切線」上的不同位置的點；而不同的 t，表示「曲線 C 上」不同位置的切線。

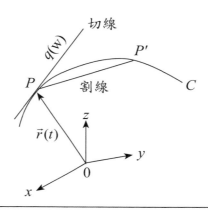

例 14　求曲線 $\vec{r}(t) = [t+3, 2t^2 - 3t+1, 3t^2]$ 的 (1) 切線單位向量，(2) $t = 1$ 處的切線單位向量

做法　曲線 $\vec{r}(t)$ 的一次微分即爲切線向量

解　(1) 切線向量爲 $\vec{r}' = [1, 4t-3, 6t]$，

$$|\vec{r}'| = \sqrt{1^2 + (4t-3)^2 + (6t)^2} = \sqrt{52t^2 - 24t + 10}$$

所以切線單位向量爲

$$\vec{u}(t) = \frac{\vec{r}'}{|\vec{r}'|} = \frac{1}{\sqrt{52t^2 - 24t + 10}}[1, 4t-3, 6t]$$

(2) $\vec{u}(1) = \dfrac{1}{\sqrt{52t^2 - 24t + 10}}[1, 4t-3, 6t]_{t=1} = \dfrac{1}{\sqrt{38}}[1, 1, 6]$

例 15 曲線 $\vec{r}(t) = 4\cos(t)\vec{i} + 4\sin(t)\vec{j}$，求其通過點 $P(2\sqrt{2}, -2\sqrt{2})$ 切線的參數表示法

解 (1) 先求出點 $P(2\sqrt{2}, -2\sqrt{2})$ 所對應的 t 值：

因 $4\cos(t) = 2\sqrt{2}$、$4\sin(t) = -2\sqrt{2}$

$\Rightarrow \cos(t) = \dfrac{\sqrt{2}}{2}$、$\sin(t) = -\dfrac{\sqrt{2}}{2} \Rightarrow t = -\dfrac{\pi}{4}$

且 $\vec{r}(-\dfrac{\pi}{4}) = [\, 2\sqrt{2}\, , -2\sqrt{2}\,]$

(2) 又切線向量為（$\vec{r}(t)$ 的微分）

$\vec{r}'(-\dfrac{\pi}{4}) = -4\sin(t)\vec{i} + 4\cos(t)\vec{j}\, |_{-\frac{\pi}{4}}$

$= -4\sin\left(-\dfrac{\pi}{4}\right)\vec{i} + 4\cos\left(-\dfrac{\pi}{4}\right)\vec{j} = 2\sqrt{2}\vec{i} + 2\sqrt{2}\vec{j}$

(3) 所以切線的參數表示法為

$q(w) = \vec{r}(t) + w\vec{r}'(t)\big|_{t=-\frac{\pi}{4}}$

$= (2\sqrt{2}\vec{i} - 2\sqrt{2}\vec{j}) + w(2\sqrt{2}\vec{i} + 2\sqrt{2}\vec{j})$

$= 2\sqrt{2}(1+w)\vec{i} + 2\sqrt{2}(-1+w)\vec{j}$, $(-\infty < w < \infty)$

例 16 橢圓 $\dfrac{1}{4}x^2 + y^2 = 1$，求其通過點 $P(\sqrt{2}, \dfrac{1}{\sqrt{2}})$ 切線的參數表示法

解 (1) 此橢圓的參數式為 $\vec{r}(t) = [2\cos t,\ \sin t]$

(2) 點 $P(\sqrt{2}, \dfrac{1}{\sqrt{2}})$ 的 t 為：$2\cos t = \sqrt{2}$、$\sin t = \dfrac{1}{\sqrt{2}}$，

即 $t = \dfrac{\pi}{4}$ 且 $\vec{r}(\dfrac{\pi}{4}) = [\sqrt{2},\ \dfrac{1}{\sqrt{2}}]$

(3) 切線向量為 $\vec{r}'(t) = [-2\sin t,\ \cos t]$

$$\Rightarrow \vec{r}'(\frac{\pi}{4}) = [-\sqrt{2},\ \frac{1}{\sqrt{2}}]$$

(4) 所以切線的參數表示法為

$$q(w) = \vec{r}(t) + w\vec{r}'(t)\big|_{t=\frac{\pi}{4}} = [\sqrt{2},\ \frac{1}{\sqrt{2}}] + w[-\sqrt{2},\ \frac{1}{\sqrt{2}}]$$

$$= [\sqrt{2}(1-w),\ \frac{1}{\sqrt{2}}(1+w)]\ ,\ (-\infty < w < \infty)$$

10.【曲率】

(1) 曲率（curvature）是描述幾何體彎曲程度的量，即曲面偏離平面的程度，或曲線偏離直線的程度。

(2) 曲線的曲率通常是純量，典型的例子是圓，圓上每一點處的彎曲程度都相同，半徑越小彎曲得越厲害，所以可以用半徑的倒數來定量描述圓的彎曲程度。直線可以看作半徑無限大的圓，所以直線的曲率為 0。

(3) 對於任意形狀的曲線，每一點的彎曲程度一般是不同的。

(4) 若曲線 C 的位置向量 $\vec{r}(t) = x(t)\vec{i} + y(t)\vec{j} + z(t)\vec{k}$，
則曲率 $k = \dfrac{|\vec{r}' \times \vec{r}''|}{|\vec{r}'|^3}$（其中 × 是外積）

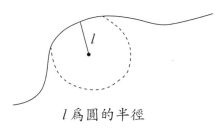

l 為圓的半徑

11.【扭率】

(1) 一條曲線的扭率（torsion）是此曲線扭曲的程度，平面上的曲線，其扭率處處為 0。

(2) 曲率是曲線偏離切線方向的程度；而扭率是曲線偏離切平面法向量（和切平面垂直）的程度。

(3) 若曲線 C 的位置向量 $\vec{r}(t) = x(t)\vec{i} + y(t)\vec{j} + z(t)\vec{k}$，則扭率 $\tau = \dfrac{[\vec{r}'\vec{r}''\vec{r}''']}{|\vec{r}' \times \vec{r}''|^2}$

其中：$[\vec{r}'\vec{r}''\vec{r}'''] = \vec{r}' \cdot (\vec{r}'' \times \vec{r}''')$

例 17　若 $\vec{r}(t) = (2\sin t)\vec{i} + (2\cos t)\vec{j} + (3t)\vec{k}$，求 (1) 切線單位向量，(2) 曲率，(3) 扭率

解　$\vec{r}'(t) = (2\cos t)\vec{i} - (2\sin t)\vec{j} + (3)\vec{k}$

$\Rightarrow |\vec{r}'(t)| = \sqrt{(2\cos t)^2 + (-2\sin t)^2 + 3^2} = \sqrt{13}$

$\vec{r}''(t) = (-2\sin t)\vec{i} - (2\cos t)\vec{j} + (0)\vec{k}$

$\vec{r}'''(t) = (-2\cos t)\vec{i} + (2\sin t)\vec{j} + (0)\vec{k}$

(1) 切線單位向量

$$\vec{u} = \frac{\vec{r}'}{|\vec{r}'|} = \frac{1}{\sqrt{13}}[(2\cos t)\vec{i} - (2\sin t)\vec{j} + (3)\vec{k}]$$

(2) $\vec{r}' \times \vec{r}'' = \begin{vmatrix} \vec{i} & \vec{j} & \vec{k} \\ 2\cos t & -2\sin t & 3 \\ -2\sin t & -2\cos t & 0 \end{vmatrix} = 6\cos t\vec{i} - 6\sin t\vec{j} - 4\vec{k}$

$\Rightarrow |\vec{r}' \times \vec{r}''| = \sqrt{(6\cos t)^2 + (-6\sin t)^2 + (-4)^2} = \sqrt{52}$

曲率 $k = \dfrac{|\vec{r}' \times \vec{r}''|}{|\vec{r}'|^3} = \dfrac{\sqrt{52}}{(\sqrt{13})^3} = \dfrac{2}{13}$

(3) $[\vec{r}'\vec{r}''\vec{r}'''] = \begin{vmatrix} 2\cos t & -2\sin t & 3 \\ -2\sin t & -2\cos t & 0 \\ -2\cos t & 2\sin t & 0 \end{vmatrix} = -12$

$$扭率 \tau = \frac{[\vec{r}'\vec{r}''\vec{r}''']}{|\vec{r}' \times \vec{r}''|^2} = \frac{-12}{52} = \frac{-3}{13}$$

練習題

1. 若 $\vec{A} = t^2\vec{i} - t \cdot \vec{j} + (2t+1)\vec{k}$，求

   (a) $\dfrac{d\vec{A}}{dt}$；(b) $\dfrac{d^2\vec{A}}{dt^2}$；(c) $\left|\dfrac{d\vec{A}}{dt}\right|$；(d) $\left|\dfrac{d^2\vec{A}}{dt^2}\right|$

   答 (a) $2t\vec{i} - \vec{j} + 2\vec{k}$；(b) $2\vec{i}$；(c) $\sqrt{4t^2+5}$；(d) 2

2. 有一質子的運動路線為 $\vec{x}(t) = 3\cos 2t\vec{i} - 3\sin 2t \cdot \vec{j} + (2t+1)\vec{k}$，求其 (a) 速度 $\vec{v}$；(b) 加速度 $\vec{a}$；(c) 速度大小 $|\vec{v}|$；(d) 加速度大小 $|\vec{a}|$

   答 (a) $\vec{v}(t) = -6\sin 2t\vec{i} - 6\cos 2t \cdot \vec{j} + 2\vec{k}$；

   (b) $\vec{a}(t) = -12\cos 2t\vec{i} + 12\sin 2t\vec{j}$；

   (c) $|\vec{v}| = \sqrt{40}$；

   (d) $|\vec{a}| = 12$

3. 有一質子的加速度為 $\vec{a}(t) = 4\cos 2t\vec{i} - 4\sin 2t \cdot \vec{j} + (2t+1)\vec{k}$，且速度 $\vec{v}(0) = \vec{0}$，位移 $\vec{x}(0) = 2\vec{k}$；求其 (a) 速度 $\vec{v}(t)$；(b) 位移 $\vec{x}(t)$

   答 (a) $\vec{v}(t) = 2\sin 2t\vec{i} + 2(\cos 2t - 1)\vec{j} + (t^2+t)\vec{k}$；

   (b) $\vec{x}(t) = (-\cos 2t + 1)\vec{i} + (\sin 2t - 2t)\vec{j} + \left(\dfrac{t^3}{3} + \dfrac{t^2}{2} + 2\right)\vec{k}$

4. 若 $\vec{A} = t^2\vec{i} - t \cdot \vec{j} + (2t+1)\vec{k}$、$\vec{B} = (2t-3)\vec{i} + \vec{j} - t \cdot \vec{k}$，求 $t = 1$ 時的下列各值：

   (a) $\dfrac{d}{dt}(\vec{A} \cdot \vec{B})$；(b) $\dfrac{d}{dt}(\vec{A} \times \vec{B})$；(c) $\dfrac{d}{dt}|(\vec{A} + \vec{B})|$；

   (d) $\dfrac{d}{dt}\left(\vec{A} \times \dfrac{d\vec{B}}{dt}\right)$

答 (a) –6；(b) $7\vec{j} + 3\vec{k}$；(c)1；(d) $\vec{i} + 6\vec{j} + 2\vec{k}$

5. 若 $\vec{A} = \sin(t)\vec{i} + \cos(t)\vec{j} + t \cdot \vec{k}$、$\vec{B} = \cos(t)\vec{i} - \sin(t)\vec{j} - 3 \cdot \vec{k}$、

$\vec{C} = 2 \cdot \vec{i} + 3 \cdot \vec{j} - \vec{k}$，求 $t = 0$ 時的 $\dfrac{d}{dt}(\vec{A} \times (\vec{B} \times \vec{C}))$ 值

答 $7 \cdot \vec{i} + 6 \cdot \vec{j} - 6 \cdot \vec{k}$

6. 若 $\vec{A} = \cos(xy)\vec{i} + (3xy - 2x^2)\vec{j} - (3x + 2y)\vec{k}$，求

(a) $\dfrac{\partial \vec{A}}{\partial x}$；(b) $\dfrac{\partial \vec{A}}{\partial y}$；(c) $\dfrac{\partial^2 \vec{A}}{\partial x^2}$；(d) $\dfrac{\partial^2 \vec{A}}{\partial y^2}$；(e) $\dfrac{\partial^2 \vec{A}}{\partial x \partial y}$；(f) $\dfrac{\partial^2 \vec{A}}{\partial y \partial x}$

答 (a) $\dfrac{\partial \vec{A}}{\partial x} = -y\sin(xy)\vec{i} + (3y - 4x)\vec{j} - 3\vec{k}$；

(b) $\dfrac{\partial \vec{A}}{\partial y} = -x\sin(xy)\vec{i} + (3x)\vec{j} - 2\vec{k}$；

(c) $\dfrac{\partial^2 \vec{A}}{\partial x^2} = -y^2\cos(xy)\vec{i} - 4\vec{j}$；

(d) $\dfrac{\partial^2 \vec{A}}{\partial y^2} = -x^2\cos(xy)\vec{i}$；

(e) $\dfrac{\partial^2 \vec{A}}{\partial x \partial y} = -[xy\cos(xy) + \sin(xy)]\vec{i} + 3\vec{j}$；

(f) $\dfrac{\partial^2 \vec{A}}{\partial y \partial x} = \dfrac{\partial^2 \vec{A}}{\partial x \partial y}$；

7. 求下列向量的弧長

(a)圓螺旋線 $\vec{r}(t) = a\cos(t)\vec{i} + a\sin(t)\vec{j} + bt\vec{k}$，由 $(a, 0, 0)$
到 $(a, 0, 2\pi b)$

(b) $\vec{r}(t) = e^t\cos(t)\vec{i} + e^t\sin(t)\vec{j}$，$0 \le t \le \pi/2$

(c) $\vec{r}(t) = \cos(t)\vec{i} + \sin(t)\vec{j} + t\vec{k}$，由 $(1, 0, 0)$ 到 $(1, 0, 2\pi)$

(d)曲線 $y = x^{\frac{3}{2}}$，$z = 2x$，由 $(0, 0, 0)$ 到 $(1, 1, 2)$

答　(a) $2\pi\sqrt{a^2 + b^2}$；(b) $\sqrt{2}\left(e^{\pi/2} - 1\right)$；(c) $2\sqrt{2}\pi$；

　　 (d) $(29\sqrt{29} - 20\sqrt{20})/27$

8. 求下列曲線在 P 點的切線參數式：

(a) $\vec{r}(t) = \cos(t)\vec{i} + \sin(t)\vec{j}$，$P = (-\dfrac{1}{\sqrt{2}},\ \dfrac{1}{\sqrt{2}})$

(b) $\vec{r}(t) = t \cdot \vec{i} + t^2 \cdot \vec{j} + t^3 \cdot \vec{k}$，$P = (1, 1, 1)$

答　(a) $q(w) = [\dfrac{-\sqrt{2}}{2}(1 + w),\ \dfrac{\sqrt{2}}{2}(1 - w)]$，$(-\infty < w < \infty)$

　　 (b) $q(w) = [(1 + w), (1 + 2w), (1 + 3w)]$，$(-\infty < w < \infty)$

9. 若 $\vec{r}(t) = 2t\vec{i} + (3\cos t)\vec{j} + (3\sin t)\vec{k}$，求 (1) 切線單位向量，(2) 曲率，(3) 扭率

答　(1) $\dfrac{1}{\sqrt{13}}[2, -3\sin t, 3\cos t]$；(2) $\dfrac{3}{13}$；(3) $\dfrac{18}{117}$

第 **4** 章 向量的梯度、散度、旋度

本章將介紹：向量微分運算子、向量的梯度、散度、旋度和向量微分運算子的性質等。

4.1 向量微分運算子

1. 【向量微分運算子】本章討論的是向量函數有多個自變數的情況。

    (1) 和微積分的微分運算子 $\left(\dfrac{d}{dx}\right)$ 一樣，向量也有向量微分運算子 ∇（讀做「Nabla」，或「倒三角」），其定義為：$\nabla \equiv \dfrac{\partial}{\partial x}\vec{i} + \dfrac{\partial}{\partial y}\vec{j} + \dfrac{\partial}{\partial z}\vec{k}$（為一向量）；

    (2) 向量微分運算子 ∇ 常見的應用有三種：梯度、散度和旋度。

2. 【向量的運算種類】設 $\vec{a}$，$\vec{b}$ 為二向量，k 為純量，則向量 $\vec{a}$ 的「後面」可接的運算方式有三種：

    (1) 乘以一純量：即 $\vec{a}k$，其結果為一向量；

    (2) 和一向量做內積：即 $\vec{a} \cdot \vec{b}$，其結果為一純量；

    (3) 和一向量做外積：即 $\vec{a} \times \vec{b}$，其結果為一向量。

3. 【∇ 的運算種類】設 $\vec{V}(x, y, z) = V_1\vec{i} + V_2\vec{j} + V_3\vec{k}$ 為一向量，$f(x, y, z)$ 為純量函數，因 ∇ 是一向量且是微分運算子，和上面第 2 點一樣，∇ 的「後面」可接的運算方式有三種：

    (1) 乘以一純量函數：即 ∇f，其結果為一向量，此稱為 f 的梯度（gradient）；

(2) 和一向量做內積：即 $\nabla \cdot \vec{V}$，其結果為一純量，此稱為 $\vec{V}$ 的散度（divergence）；

(3) 和一向量做外積：即 $\nabla \times \vec{V}$，其結果為一向量，此稱為 $\vec{V}$ 的旋度（curl）。

底下將介紹此三種運算。

4.2 向量的梯度

4.【梯度】

(1) 梯度（Gradient）∇f：若純量函數 $f(x, y, z)$ 在某個區域內的每一點 (x, y, z) 均有定義且可微分，則函數 f 的梯度（寫成 ∇f 或 $grad f$）定義爲：

$$grad f = \nabla f \equiv (\frac{\partial}{\partial x}\vec{i} + \frac{\partial}{\partial y}\vec{j} + \frac{\partial}{\partial z}\vec{k})f \quad （註：\nabla 和 f 相乘）$$

$$= \frac{\partial f}{\partial x}\vec{i} + \frac{\partial f}{\partial y}\vec{j} + \frac{\partial f}{\partial z}\vec{k} \quad （註：它是一個向量）$$

(2) 純量函數 $f(x, y, z)$ 在點 $p(x_0, y_0, z_0)$ 切平面的法向量（與切平面垂直的向量）爲 $grad f|_{(x_0, y_0, z_0)} = \nabla f(x_0, y_0, z_0)$，其切平面方程式爲 $\nabla f(x_0, y_0, z_0) \cdot [x - x_0, y - y_0, z - z_0] = 0$（其中 $\cdot$ 爲內積）（註：法向量和平面上的向量垂直，其內積爲 0）

(3) 純量函數 $f(x, y, z)$ 在點 $p(x_0, y_0, z_0)$ 處沿著單位向量 $\vec{u} = [\cos\alpha, \cos\beta, \cos\gamma]$ 方向的方向導數值（表示成 $D_{\vec{u}}f(p)$），是函數 $f(x, y, z)$ 在點 $p(x_0, y_0, z_0)$ 的梯度和此方向 $\vec{u}$ 的內積，即

$$D_{\vec{u}}f(p) = \nabla f \cdot \vec{u} = [\frac{\partial f}{\partial x}, \frac{\partial f}{\partial y}, \frac{\partial f}{\partial z}] \cdot [\cos\alpha, \cos\beta, \cos\gamma]_{(x_0, y_0, z_0)}$$

$$= \frac{\partial f}{\partial x}\cos\alpha + \frac{\partial f}{\partial y}\cos\beta + \frac{\partial f}{\partial z}\cos\gamma \bigg|_{(x_0, y_0, z_0)}$$

註：若 $\vec{u}$ 非單位向量，則還要除以 $\vec{u}$ 的長度

(4)(a) 第 (3) 點是已知某一方向 $\vec{u}$，要求 p 點在該方向的方向導數值，而 p 點在哪個方向，其方向導數值最大呢？

(b) 純量函數 $f(x, y, z)$ 在點 $p\,(x_0, y_0, z_0)$ 的最大方向導數，就是函數在點 $p\,(x_0, y_0, z_0)$ 的梯度方向，即為 $\nabla f(x_0, y_0, z_0)$，而其最大值就是此 $\nabla f(x_0, y_0, z_0)$ 的長度。

證明 因 $\nabla f \cdot \vec{u} = |\nabla f| \, |\vec{u}| \cos\theta$

它的最大值發生在 $\cos\theta = 1$ 時，也就是 $\vec{u}$ 和 ∇f 平行時，所以它的最大方向導數 $\vec{u}$ 的方向為 ∇f，即

$$\vec{u} = \frac{\nabla f}{|\nabla f|},$$

而 $\nabla f \cdot \vec{u}$ 的最大值為

$$|\nabla f \cdot \vec{u}| = |\nabla f| \cdot \frac{|\nabla f|}{|\nabla f|} = |\nabla f|$$

例 1 若 $f(x, y, z) = 3x^2 y - y^3 z^2$，求在點 $(1, -2, -1)$ 的 ∇f（或 $grad\,f$）值

做法 先求出 ∇f，再將 $(1, -2, -1)$ 代入，即求 $\nabla f(1, -2, -1)$ 之值

解 (1) $\nabla f \equiv (\dfrac{\partial}{\partial x}\vec{i} + \dfrac{\partial}{\partial y}\vec{j} + \dfrac{\partial}{\partial z}\vec{k}) f = \dfrac{\partial f}{\partial x}\vec{i} + \dfrac{\partial f}{\partial y}\vec{j} + \dfrac{\partial f}{\partial z}\vec{k}$

$\quad = \dfrac{\partial(3x^2 y - y^3 z^2)}{\partial x}\vec{i} + \dfrac{\partial(3x^2 y - y^3 z^2)}{\partial y}\vec{j} + \dfrac{\partial(3x^2 y - y^3 z^2)}{\partial z}\vec{k}$

$\quad = 6xy \cdot \vec{i} + (3x^2 - 3y^2 z^2)\vec{j} - 2y^3 z \cdot \vec{k}$

(2) $\nabla f(1, -2, -1)$

$\quad = 6(1)(-2)\vec{i} + [3(1)^2 - 3(-2)^2(-1)^2]\vec{j} - 2(-2)^3(-1)\vec{k}$

$\quad = -12\vec{i} - 9\vec{j} - 16\vec{k}$

例 2 若 $\vec{r} = x \cdot \vec{i} + y \cdot \vec{j} + z \cdot \vec{k}$，而 $r = \sqrt{x^2 + y^2 + z^2}$，求 (1) $\nabla \ln|\vec{r}|$，(2) $\nabla \dfrac{1}{|\vec{r}|}$，(3) 證明 $\nabla |\vec{r}|^n = n|\vec{r}|^{n-2} \cdot \vec{r}$

做法 此種題目都是直接將 $\vec{r} = x\vec{i} + y\vec{j} + z\vec{k}$ 代入後，再化簡之

解 $\vec{r} = x \cdot \vec{i} + y \cdot \vec{j} + z \cdot \vec{k} \Rightarrow |\vec{r}| = \sqrt{x^2 + y^2 + z^2}$

(1) $\nabla \ln |\vec{r}| = \nabla \ln(x^2 + y^2 + z^2)^{1/2} = \dfrac{1}{2} \nabla \ln(x^2 + y^2 + z^2)$

$\quad = \dfrac{1}{2}[\dfrac{\partial}{\partial x} \ln(x^2 + y^2 + z^2)\vec{i} + \dfrac{\partial}{\partial y} \ln(x^2 + y^2 + z^2)\vec{j}$

$\qquad + \dfrac{\partial}{\partial z} \ln(x^2 + y^2 + z^2)\vec{k}]$

$\quad = \dfrac{1}{2}[\dfrac{2x}{x^2 + y^2 + z^2}\vec{i} + \dfrac{2y}{x^2 + y^2 + z^2}\vec{j} + \dfrac{2z}{x^2 + y^2 + z^2}\vec{k}]$

$\quad = \dfrac{1}{2}[\dfrac{2\vec{r}}{|\vec{r}|^2}] = \dfrac{\vec{r}}{|\vec{r}|^2}$

(2) $\nabla \dfrac{1}{|\vec{r}|} = \nabla(x^2 + y^2 + z^2)^{-1/2}$

$\quad = \dfrac{\partial}{\partial x}(x^2 + y^2 + z^2)^{-1/2}\vec{i} + \dfrac{\partial}{\partial y}(x^2 + y^2 + z^2)^{-1/2}\vec{j}$

$\qquad + \dfrac{\partial}{\partial z}(x^2 + y^2 + z^2)^{-1/2}\vec{k}$

$\quad = -x(x^2 + y^2 + z^2)^{-3/2}\vec{i} - y(x^2 + y^2 + z^2)^{-3/2}\vec{j}$

$\qquad - z(x^2 + y^2 + z^2)^{-3/2}\vec{k}$

$\quad = \dfrac{-\vec{r}}{|\vec{r}|^3}$

(3) $\nabla |\vec{r}|^n = \nabla\left(\sqrt{x^2 + y^2 + z^2}\right)^n = \nabla\left(x^2 + y^2 + z^2\right)^{n/2}$

$\quad = \dfrac{\partial}{\partial x}(x^2 + y^2 + z^2)^{n/2} \cdot \vec{i} + \dfrac{\partial}{\partial y}(x^2 + y^2 + z^2)^{n/2} \cdot \vec{j}$

$\qquad + \dfrac{\partial}{\partial z}(x^2 + y^2 + z^2)^{n/2} \cdot \vec{k}$

$$= \frac{n}{2}(x^2 + y^2 + z^2)^{n/2-1}2x \cdot \vec{i} + \frac{n}{2}(x^2 + y^2 + z^2)^{n/2-1}2y \cdot \vec{j}$$

$$+ \frac{n}{2}(x^2 + y^2 + z^2)^{n/2-1}2z \cdot \vec{k}$$

$$= n(x^2 + y^2 + z^2)^{n/2-1}[x \cdot \vec{i} + y \cdot \vec{j} + z \cdot \vec{k}]$$

$$= n(|\vec{r}|^2)^{n/2-1} \cdot \vec{r} = n |\vec{r}|^{n-2} \cdot \vec{r}$$

例 3 曲面 $x^2 y + 2xz = 4$，求在點 $(2, -2, 3)$ 垂直於此曲面的單位向量（即切平面的法向量）

做法 曲面 $f(x, y, z)$ 在點 $p\,(x_0, y_0, z_0)$ 的切平面的法向量為 $\nabla f(x_0, y_0, z_0)$，此題 $f(x, y, z) = x^2 y + 2xy - 4$

解 $\nabla(x^2 y + 2xz - 4)\big|_{(2,-2,3)} = (2xy + 2z)\vec{i} + x^2 \vec{j} + 2x\vec{k}\,\big|_{(2,-2,3)}$

$$= -2\vec{i} + 4\vec{j} + 4\vec{k}$$

所以垂直於此曲面的單位向量為

$$\frac{-2\vec{i} + 4\vec{j} + 4\vec{k}}{\sqrt{(-2)^2 + (4)^2 + (4)^2}} = -\frac{1}{3}\vec{i} + \frac{2}{3}\vec{j} + \frac{2}{3}\vec{k}$$

另一個方向的單位向量為

$$-(-\frac{1}{3}\vec{i} + \frac{2}{3}\vec{j} + \frac{2}{3}\vec{k}) = \frac{1}{3}\vec{i} - \frac{2}{3}\vec{j} - \frac{2}{3}\vec{k}$$

例 4 二曲面 $x^2 + y^2 + z^2 = 6$ 和 $z = x^2 + y^2 - 4$，求在交點 $(1, -2, 1)$ 的夾角

做法 先分別求出二曲面在此交點的切平面的法向量（即其梯度），再求此二法向量夾角。

解 (1) 曲面 $x^2 + y^2 + z^2 = 6$ 上的點 $(1, -2, 1)$ 的垂直向量為

$$\nabla f_1(1, -2, 1) = \nabla(x^2 + y^2 + z^2 - 6)\big|_{(1,-2,1)}$$

$$= 2x\vec{i} + 2y\vec{j} + 2z\vec{k}\,\big|_{(1,-2,1)} = 2\vec{i} - 4\vec{j} + 2\vec{k}$$

(2) 曲面 $z = x^2 + y^2 - 4$ 上的點 $(1, -2, 1)$ 的垂直向量為

$$\nabla f_2(1, -2, 1) = \nabla(x^2 + y^2 - z - 4)\big|_{(1,-2,1)}$$

$$= 2x\vec{i} + 2y\vec{j} - \vec{k}\big|_{(1,-2,1)} = 2\vec{i} - 4\vec{j} - \vec{k}$$

(3) ∇f_1 和 ∇f_2 的夾角為 $\nabla f_1 \cdot \nabla f_2 = |\nabla f_1||\nabla f_2|\cos\theta$

$$\Rightarrow [2, -4, 2] \cdot [2, -4, -1]$$

$$= \sqrt{2^2 + (-4)^2 + 2^2}\sqrt{2^2 + (-4)^2 + (-1)^2}\cos\theta$$

$$\Rightarrow \theta = \cos^{-1}\left(\frac{18}{3\sqrt{56}}\right) = \cos^{-1}\frac{3}{\sqrt{14}}$$

例 5　純量函數 $f(x, y, z) = 2x^2z + 3yz^2$ 在點 $p(1, 2, 1)$ 的沿著方向 $[x + y, y^2, y + z]$ 的方向導數為何？

做法　方向導數值，是函數 $f(x, y, z)$ 在點 $p(x_0, y_0, z_0)$ 的梯度和此方向 $\vec{u}$（單位向量）的內積

解　(1) $\nabla f(1, 2, 1) = \nabla(2x^2z + 3yz^2)\big|_{(1,2,1)}$

$$= \frac{\partial}{\partial x}(2x^2z + 3yz^2)\vec{i} + \frac{\partial}{\partial y}(2x^2z + 3yz^2)\vec{j} + \frac{\partial}{\partial z}(2x^2z + 3yz^2)\vec{k}\big|_{(1,2,1)}$$

$$= (4xz)\vec{i} + (3z^2)\vec{j} + (2x^2 + 6yz)\vec{k}\big|_{(1,2,1)}$$

$$= 4\vec{i} + 3\vec{j} + 14\vec{k}$$

(2) 又向量 $[x + y, y^2, y + z]_{(1,2,1)} = [3, 4, 3]$，

其長度為 $\sqrt{3^2 + 4^2 + 3^2} = \sqrt{34}$

(3) $\vec{u} = [\cos\alpha, \cos\beta, \cos\gamma] = \left[\frac{3}{\sqrt{34}}, \frac{4}{\sqrt{34}}, \frac{3}{\sqrt{34}}\right]$

(4) 所以 $\nabla f \cdot \vec{u} = [\frac{\partial f}{\partial x}, \frac{\partial f}{\partial y}, \frac{\partial f}{\partial z}] \cdot [\cos\alpha, \cos\beta, \cos\gamma]$

$$= [4, 3, 14] \cdot \left[\frac{3}{\sqrt{34}}, \frac{4}{\sqrt{34}}, \frac{3}{\sqrt{34}}\right] = \frac{66}{\sqrt{34}}$$

例 6　純量函數 $f(x, y, z) = 2xz + 3yz$ 在點 $p(1, 2, 1)$ 的沿著曲線 $\vec{r}(t) = (2t-1)\vec{i} + (t^2+1)\vec{j} + t^2\vec{k}$ 的切線方向的方向導數為何？

做法　先求出切線單位向量 $\vec{u} = \dfrac{\vec{r}'}{|\vec{r}'|}$，再求出 $\nabla f(x, y, z)|_{(1,2,1)}$，二者再內積。

解　(1) 點 $p(1, 2, 1)$ 在 $\vec{r}(t) = (2t-1)\vec{i} + (t^2+1)\vec{j} + t^2\vec{k}$ 的 t 值 $= 1$，所以 $\vec{r}(t)$ 在 $t = 1$ 的切線方向向量為

$$\vec{r}'(1) = 2\vec{i} + 2t\vec{j} + 2t\vec{k}\,|_{t=1} = 2\vec{i} + 2\vec{j} + 2\vec{k}$$
$$|\vec{r}'(1)| = \sqrt{2^2 + 2^2 + 2^2} = \sqrt{12} = 2\sqrt{3}$$

(2) $\vec{u} = [\cos\alpha, \cos\beta, \cos\gamma]$

$$= \left[\frac{2}{2\sqrt{3}}, \frac{2}{2\sqrt{3}}, \frac{2}{2\sqrt{3}}\right] = \left[\frac{\sqrt{3}}{3}, \frac{\sqrt{3}}{3}, \frac{\sqrt{3}}{3}\right]$$

(3) 而 $\nabla f(x, y, z)|_{(1,2,1)} = \nabla(2xz + 3yz)|_{(1,2,1)}$

$$= \frac{\partial}{\partial x}(2xz + 3yz)\vec{i} + \frac{\partial}{\partial y}(2xz + 3yz)\vec{j} + \frac{\partial}{\partial z}(2xz + 3yz)\vec{k}\,|_{(1,2,1)}$$
$$= (2z)\vec{i} + (3z)\vec{j} + (2x + 3y)\vec{k}\,|_{(1,2,1)} = 2\vec{i} + 3\vec{j} + 8\vec{k}$$

(4) 所以 $\nabla f \cdot \vec{u} = [\dfrac{\partial f}{\partial x}, \dfrac{\partial f}{\partial y}, \dfrac{\partial f}{\partial z}] \cdot [\cos\alpha, \cos\beta, \cos\gamma]$

$$= [2, 3, 8] \cdot \left[\frac{\sqrt{3}}{3}, \frac{\sqrt{3}}{3}, \frac{\sqrt{3}}{3}\right] = \frac{13\sqrt{3}}{3}$$

例 7　(1) 純量函數 $f(x, y, z) = 2x^2yz + 3xyz^2$ 在點 $p(1, 2, 1)$ 的最大方向導數的方向為何？(2) 其最大值為何？

做法　函數 f 的最大方向導數的方向是 $\nabla f(x_0, y_0, z_0)$，其最大值是其長度，即 $|\nabla f|$。

解 (1) 最大方向導數的方向為：

$$\nabla f(1,\,2,1) = \nabla(2x^2yz + 3xyz^2)|_{(1,2,1)}$$

$$= (4xyz + 3yz^2)\vec{i} + (2x^2z + 3xz^2)\vec{j} + (2x^2y + 6xyz)\vec{k}\,|_{(1,2,1)}$$

$$= (14)\vec{i} + (5)\vec{j} + (16)\vec{k}$$

(2) 其最大值為 $\sqrt{14^2 + 5^2 + 16^2} = \sqrt{477}$

4.3　向量的散度

5.【散度】散度（Divergence）：若向量函數

$\vec{V}(x,y,z) = V_1\vec{i} + V_2\vec{j} + V_3\vec{k}$ 在某個區域內的每一點 (x, y, z) 均有定義且可微分，則向量函數 $\vec{V}$ 的散度（寫成 $\nabla \cdot \vec{V}$ 或 $div\,\vec{V}$）定義為

$$div\,\vec{V} = \nabla \cdot \vec{V} \equiv (\frac{\partial}{\partial x}\vec{i} + \frac{\partial}{\partial y}\vec{j} + \frac{\partial}{\partial z}\vec{k}) \cdot (V_1\vec{i} + V_2\vec{j} + V_3\vec{k}) \,,$$

$$= \frac{\partial V_1}{\partial x} + \frac{\partial V_2}{\partial y} + \frac{\partial V_3}{\partial z}$$

（註：「·」是內積，它的結果是一個純量）

例 8　若 $\vec{A}(x,y,z) = x^2z \cdot \vec{i} - 2y^3z^2\vec{j} + xy^2z \cdot \vec{k}$，(1) 求在任意點的 $\nabla \cdot \vec{A}$（或 $div\,\vec{A}$）值；(2) 求在點 $(1, -2, -1)$ 的 $\nabla \cdot \vec{A}$ 值：

解　(1) $\nabla \cdot \vec{A}(x,y,z)$

$\equiv (\frac{\partial}{\partial x}\vec{i} + \frac{\partial}{\partial y}\vec{j} + \frac{\partial}{\partial z}\vec{k}) \cdot (x^2z \cdot \vec{i} - 2y^3z^2\vec{j} + xy^2z \cdot \vec{k})$

$= \frac{\partial}{\partial x}(x^2z) + \frac{\partial}{\partial y}(-2y^3z^2) + \frac{\partial}{\partial z}(xy^2z)$

$= 2xz - 6y^2z^2 + xy^2$

(2) $\nabla \cdot \vec{A}(1, -2, -1)$

$= (2xz - 6y^2z^2 + xy^2)\big|_{(1,-2,-1)}$

$= 2 \cdot 1 \cdot (-1) - 6 \cdot (-2)^2 \cdot (-1)^2 + 1 \cdot (-2)^2 = -22$

例 9 若 $\vec{A}(x,y,z)=(x^2y+y^2z+z^2x)\cdot\vec{i}+(xyz-2y^2z^3)\vec{j}-(2xy-xz)\cdot\vec{k}$，

(1) 求在任意點的 $\nabla\cdot\vec{A}$（或 $div\ \vec{A}$）值；(2) 求 $\nabla\cdot\vec{A}(1,2,1)$ 值

解 (1) $\nabla\cdot\vec{A}(x,y,z)\equiv(\dfrac{\partial}{\partial x}\vec{i}+\dfrac{\partial}{\partial y}\vec{j}+\dfrac{\partial}{\partial z}\vec{k})\cdot[(x^2y+y^2z+z^2x)\cdot\vec{i}$

$$+(xyz-2y^2z^3)\vec{j}-(2xy-xz)\cdot\vec{k}]$$

$$=\frac{\partial}{\partial x}(x^2y+y^2z+z^2x)+\frac{\partial}{\partial y}(xyz-2y^2z^3)-\frac{\partial}{\partial z}(2xy-xz)$$

$$=2xy+z^2+xz-4yz^3+x$$

(2) $\nabla\cdot\vec{A}(1,2,1)=(2xy+z^2+xz-4yz^3+x)_{(1,2,1)}$

$$=2\cdot1\cdot2+1^2+1\cdot1-4\cdot2\cdot1^3+1=-1$$

4.4　向量的旋度

6.【旋度】旋度（Curl）：若向量函數

$\vec{V}(x, y, z) = V_1\vec{i} + V_2\vec{j} + V_3\vec{k}$ 在某個區域內的每一點 (x, y, z)

均有定義且可微分，則向量函數 $\vec{V}$ 的旋度（寫成 $\nabla \times \vec{V}$ 或

$curl\ \vec{V}$）定義爲

$$curl\vec{V} = \nabla \times \vec{V}$$

$$\equiv (\frac{\partial}{\partial x}\vec{i} + \frac{\partial}{\partial y}\vec{j} + \frac{\partial}{\partial z}\vec{k}) \times (V_1\vec{i} + V_2\vec{j} + V_3\vec{k})$$

$$= \begin{vmatrix} \vec{i} & \vec{j} & \vec{k} \\ \dfrac{\partial}{\partial x} & \dfrac{\partial}{\partial y} & \dfrac{\partial}{\partial z} \\ V_1 & V_2 & V_3 \end{vmatrix}$$

註：(1)「×」是外積，它的結果是一個向量

(2) 因 ∇ 在 $\vec{V}$ 前面，所以相乘時，$\dfrac{\partial}{\partial x}, \dfrac{\partial}{\partial y}, \dfrac{\partial}{\partial z}$ 要放

在 V_1, V_2, V_3 的前面

例 10　若 $\vec{A}(x, y, z) = xz^3 \cdot \vec{i} - 2x^2yz \cdot \vec{j} + 2yz^4 \cdot \vec{k}$，(1) 求在任意點

的 $\nabla \times \vec{A}$（或 $curl\ \vec{A}$）值；(2) 求在點 $(1, -1, 1)$ 的 $\nabla \times \vec{A}$ 值

解　(1) $\nabla \times \vec{A}(x, y, z)$

$$= (\frac{\partial}{\partial x}\vec{i} + \frac{\partial}{\partial y}\vec{j} + \frac{\partial}{\partial z}\vec{k}) \times (xz^3 \cdot \vec{i} - 2x^2yz \cdot \vec{j} + 2yz^4 \cdot \vec{k})$$

$$= \begin{vmatrix} \vec{i} & \vec{j} & \vec{k} \\ \dfrac{\partial}{\partial x} & \dfrac{\partial}{\partial y} & \dfrac{\partial}{\partial z} \\ xz^3 & -2x^2yz & 2yz^4 \end{vmatrix}$$

$$= \left[\frac{\partial}{\partial y}(2yz^4) - \frac{\partial}{\partial z}(-2x^2yz) \right] \vec{i} + \left[\frac{\partial}{\partial z}(xz^3) - \frac{\partial}{\partial x}(2yz^4) \right] \vec{j}$$

$$+ \left[\frac{\partial}{\partial x}(-2x^2yz) - \frac{\partial}{\partial y}(xz^3) \right] \vec{k}$$

$$= (2z^4 + 2x^2y)\vec{i} + 3xz^2\vec{j} - 4xyz\vec{k}$$

(2) $\nabla \times \vec{A}(1, -1, 1)$

$$= (2z^4 + 2x^2y)\vec{i} + 3xz^2\vec{j} - 4xyz\vec{k} \,|_{(1,-1,1)}$$

$$= 0\vec{i} + 3\vec{j} + 4\vec{k}$$

例 11　若 $\vec{A}(x, y, z) = (x + z) \cdot \vec{i} - 2(x^2 + yz) \cdot \vec{j} + 2(y + z^4) \cdot \vec{k}$，求

(1) 在任意點的 $\nabla \times \vec{A}$（或 $curl\ \vec{A}$）值；(2) $\nabla \times \vec{A}(1, 2, 1)$ 值

解　(1) $\nabla \times \vec{A}(x, y, z) \equiv (\frac{\partial}{\partial x}\vec{i} + \frac{\partial}{\partial y}\vec{j} + \frac{\partial}{\partial z}\vec{k}) \times [(x + z) \cdot \vec{i}$

$$- 2(x^2 + yz) \cdot \vec{j} + 2(y + z^4) \cdot \vec{k}]$$

$$= \begin{vmatrix} \vec{i} & \vec{j} & \vec{k} \\ \dfrac{\partial}{\partial x} & \dfrac{\partial}{\partial y} & \dfrac{\partial}{\partial z} \\ x+z & -2(x^2 + yz) & 2(y + z^4) \end{vmatrix} = (2 + 2y)\vec{i} + \vec{j} - 4x\vec{k}$$

(2) $\nabla \times \vec{A}(1,2,1) = (2 + 2y)\vec{i} + \vec{j} - 4x\vec{k} \,|_{(1,2,1)} = 6\vec{i} + \vec{j} - 4\vec{k}$

4.5　向量微分運算子的性質

7. 【▽的性質】若 $\vec{A}(x, y, z)$、$\vec{B}(x, y, z)$ 和 $\vec{C}(x, y, z)$ 是可微分的向量函數，$\phi(x, y, z)$ 和 $\psi(x, y, z)$ 在 (x, y, z) 均有定義且為可微分的純量函數，則

(1) $\nabla(\phi + \psi) = \nabla\phi + \nabla\psi$ 或 $grad(\phi + \psi) = grad\phi + grad\psi$

(2) $\nabla \cdot (\vec{A} + \vec{B}) = \nabla \cdot \vec{A} + \nabla \cdot \vec{B}$ 或 $div(\vec{A} + \vec{B}) = div\vec{A} + div\vec{B}$

(3) $\nabla \times (\vec{A} + \vec{B}) = \nabla \times \vec{A} + \nabla \times \vec{B}$ 或 $curl(\vec{A} + \vec{B}) = curl\vec{A} + curl\vec{B}$

(4) $div(grad\phi) = \nabla \cdot (\nabla\phi) = \nabla^2\phi = \dfrac{\partial^2\phi}{\partial x^2} + \dfrac{\partial^2\phi}{\partial y^2} + \dfrac{\partial^2\phi}{\partial z^2}$ ，

其中 $\nabla^2 \equiv \dfrac{\partial^2}{\partial x^2} + \dfrac{\partial^2}{\partial y^2} + \dfrac{\partial^2}{\partial z^2}$ ，稱為 Laplacian 運算子

(5) $\nabla \times (\nabla\phi) = \vec{0}$ 或 $curl(grad\phi) = \vec{0}$

（向量 ∇ 和 $\nabla\phi$ 平行，其外積為 $\vec{0}$ ）

(6) $\nabla \cdot (\nabla \times \vec{A}) = 0$ 或 $div(curl(\vec{A})) = 0$

（向量 ∇ 和 $\nabla \times \vec{A}$ 垂直，其內積為 0 ）

8. 【▽的前置運算】若 $\vec{A}(x, y, z) = A_1\vec{i} + A_2\vec{j} + A_3\vec{k}$、$\vec{B}$ 和 $\vec{C}$ 是可微分的向量函數，$\phi(x, y, z)$ 和 $\psi(x, y, z)$ 在 (x, y, z) 均有定義且為可微分的純量函數，則 ∇ 放在運算元後面的有下列三種情況：

(1) (a) $\phi \cdot \nabla = \phi \cdot (\dfrac{\partial}{\partial x}\vec{i} + \dfrac{\partial}{\partial y}\vec{j} + \dfrac{\partial}{\partial z}\vec{k}) = \phi\dfrac{\partial}{\partial x}\vec{i} + \phi\dfrac{\partial}{\partial y}\vec{j} + \phi\dfrac{\partial}{\partial z}\vec{k}$

（註：「 $\cdot$ 」是乘號，因 ∇ 放在後面，其 $\dfrac{\partial}{\partial x}, \dfrac{\partial}{\partial y}, \dfrac{\partial}{\partial z}$

也要放在 ϕ 的後面）

(b)$\phi\cdot\nabla$ 爲一向量，後面可接純量函數做相乘，也可接向量函數做內積或外積，即 $(\phi\cdot\nabla)\psi$、$(\phi\cdot\nabla)\cdot\vec{A}$ 或 $(\phi\cdot\nabla)\times\vec{A}$

(2)(a) $\vec{A}\cdot\nabla = A_1\dfrac{\partial}{\partial x} + A_2\dfrac{\partial}{\partial y} + A_3\dfrac{\partial}{\partial z}$（註：「·」是內積，因 ∇ 放在後面，其 $\dfrac{\partial}{\partial x},\dfrac{\partial}{\partial y},\dfrac{\partial}{\partial z}$ 也要放在 A_i 的後面）

(b)$\vec{A}\cdot\nabla$ 爲一純量，後面可接純量函數或向量函數做相乘，即 $(\vec{A}\cdot\nabla)\psi$ 或 $(\vec{A}\cdot\nabla)\vec{B}$

(3)(a) $\vec{A}\times\nabla = \begin{vmatrix} \vec{i} & \vec{j} & \vec{k} \\ A_1 & A_2 & A_3 \\ \dfrac{\partial}{\partial x} & \dfrac{\partial}{\partial y} & \dfrac{\partial}{\partial z} \end{vmatrix}$

$= (A_2\dfrac{\partial}{\partial z} - A_3\dfrac{\partial}{\partial y})\vec{i} + (A_3\dfrac{\partial}{\partial x} - A_1\dfrac{\partial}{\partial z})\vec{j} + (A_1\dfrac{\partial}{\partial y} - A_2\dfrac{\partial}{\partial x})\vec{k}$

（註：「×」是外積）

(b)$\vec{A}\times\nabla$ 爲一向量，後面可接純量函數做相乘，也可接向量函數做內積或外積，即 $(\vec{A}\times\nabla)\psi$、$(\vec{A}\times\nabla)\cdot\vec{B}$ 或 $(\vec{A}\times\nabla)\times\vec{B}$

註：∇ 放在純量函數或向量函數的後面，其運算出來的結果 $\dfrac{\partial}{\partial x},\dfrac{\partial}{\partial y},\dfrac{\partial}{\partial z}$ 也要放在後面

例 12　若 $\phi(x,y,z) = 2x^3y^2z^4$，求 (1) $\nabla\cdot\nabla\phi$（div grad ϕ）

(2) 證明 $\nabla\cdot\nabla\phi = \nabla^2\phi$，其中 $\nabla^2 = \dfrac{\partial^2}{\partial x^2} + \dfrac{\partial^2}{\partial y^2} + \dfrac{\partial^2}{\partial z^2}$

做法 $\nabla \cdot \nabla \phi$ 是先求出 $\nabla \phi$，再由 ∇ 和它做內積

解 (1) (a) $\nabla \phi = \dfrac{\partial(2x^3 y^2 z^4)}{\partial x}\vec{i} + \dfrac{\partial(2x^3 y^2 z^4)}{\partial y}\vec{j} + \dfrac{\partial(2x^3 y^2 z^4)}{\partial z}\vec{k}$

$$= 6x^2 y^2 z^4 \vec{i} + 4x^3 yz^4 \vec{j} + 8x^3 y^2 z^3 \vec{k}$$

(b) $\nabla \cdot \nabla \phi$

$$= (\frac{\partial}{\partial x}\vec{i} + \frac{\partial}{\partial y}\vec{j} + \frac{\partial}{\partial z}\vec{k}) \cdot (6x^2 y^2 z^4 \vec{i} + 4x^3 yz^4 \vec{j} + 8x^3 y^2 z^3 \vec{k})$$

$$= \frac{\partial}{\partial x}(6x^2 y^2 z^4) + \frac{\partial}{\partial y}(4x^3 yz^4) + \frac{\partial}{\partial z}(8x^3 y^2 z^3)$$

$$= 12xy^2 z^4 + 4x^3 z^4 + 24x^3 y^2 z^2 \ （註：結果為一純量）$$

(2) $\nabla \cdot \nabla \phi$

$$= (\frac{\partial}{\partial x}\vec{i} + \frac{\partial}{\partial y}\vec{j} + \frac{\partial}{\partial z}\vec{k}) \cdot (\frac{\partial \phi}{\partial x}\vec{i} + \frac{\partial \phi}{\partial y}\vec{j} + \frac{\partial \phi}{\partial z}\vec{k})$$

$$= \frac{\partial}{\partial x}(\frac{\partial \phi}{\partial x}) + \frac{\partial}{\partial y}(\frac{\partial \phi}{\partial y}) + \frac{\partial}{\partial z}(\frac{\partial \phi}{\partial z})$$

$$= (\frac{\partial^2}{\partial x^2} + \frac{\partial^2}{\partial y^2} + \frac{\partial^2}{\partial z^2})\phi$$

$$= \nabla^2 \phi$$

例 13 若 $\vec{A}(x, y, z) = x^2 y \cdot \vec{i} - 2xz \cdot \vec{j} + 2yz \cdot \vec{k}$，求 curl curl $\vec{A}$ 值

解 curl curl $\vec{A} = \nabla \times (\nabla \times \vec{A})$

$$= \nabla \times \begin{vmatrix} \vec{i} & \vec{j} & \vec{k} \\ \dfrac{\partial}{\partial x} & \dfrac{\partial}{\partial y} & \dfrac{\partial}{\partial z} \\ x^2 y & -2xz & 2yz \end{vmatrix}$$

$$= \nabla \times [(2x + 2z)\vec{i} - (x^2 + 2z)\vec{k}]$$

$$= \begin{vmatrix} \vec{i} & \vec{j} & \vec{k} \\ \dfrac{\partial}{\partial x} & \dfrac{\partial}{\partial y} & \dfrac{\partial}{\partial z} \\ 2x+2z & 0 & -x^2-2z \end{vmatrix}$$

$$= (2x+2)\vec{j}$$

例 14 若 $\vec{A}(x,y,z) = 2yz \cdot \vec{i} - x^2 y \cdot \vec{j} + xz^2 \cdot \vec{k}$,

$\vec{B}(x,y,z) = x^2 \cdot \vec{i} - yz \cdot \vec{j} - xy \cdot \vec{k}$, $\phi(x,y,z) = 2x^2 yz^3$,

求 (a) $(\vec{A} \cdot \nabla)\phi$; (b) $\vec{A} \cdot \nabla\phi$; (c) $(\vec{B} \cdot \nabla)\vec{A}$; (d) $(\vec{A} \times \nabla)\phi$;

(e) $\vec{A} \times \nabla\phi$;

解 (a) $(\vec{A} \cdot \nabla) = 2yz \dfrac{\partial}{\partial x} - x^2 y \dfrac{\partial}{\partial y} + xz^2 \dfrac{\partial}{\partial z}$

$(\vec{A} \cdot \nabla)\phi = 2yz \dfrac{\partial \phi}{\partial x} - x^2 y \dfrac{\partial \phi}{\partial y} + xz^2 \dfrac{\partial \phi}{\partial z}$

$\qquad = 8xy^2 z^4 - 2x^4 yz^3 + 6x^3 yz^4$

(b) $(\nabla \phi) = 4xyz^3 \vec{i} + 2x^2 z^3 \vec{j} + 6x^2 yz^2 \vec{k}$

$\quad \vec{A} \cdot (\nabla \phi)$

$\quad = (2yz\vec{i} - x^2 y\vec{j} + xz^2 \vec{k}) \cdot (4xyz^3 \vec{i} + 2x^2 z^3 \vec{j} + 6x^2 yz^2 \vec{k})$

$\quad = 8xy^2 z^4 - 2x^4 yz^3 + 6x^3 yz^4$ （註：(a) = (b)）

(c) $(\vec{B} \cdot \nabla)$

$\quad = (x^2 \vec{i} - yz\vec{j} - xy\vec{k}) \cdot (\dfrac{\partial}{\partial x}\vec{i} + \dfrac{\partial}{\partial y}\vec{j} + \dfrac{\partial}{\partial z}\vec{k})$

$\quad = x^2 \dfrac{\partial}{\partial x} - yz \dfrac{\partial}{\partial y} - xy \dfrac{\partial}{\partial z}$

$\quad (\vec{B} \cdot \nabla)\vec{A}$

$\quad = (x^2 \dfrac{\partial}{\partial x} - yz \dfrac{\partial}{\partial y} - xy \dfrac{\partial}{\partial z})(2yz\vec{i} - x^2 y\vec{j} + xz^2 \vec{k})$

$$= (-2yz^2 - 2xy^2)\vec{i} + (-2x^3y + x^2yz)\vec{j} + (x^2z^2 - 2x^2yz)\vec{k}$$

(d) $(\vec{A} \times \nabla)$

$$= \begin{vmatrix} \vec{i} & \vec{j} & \vec{k} \\ 2yz & -x^2y & xz^2 \\ \dfrac{\partial}{\partial x} & \dfrac{\partial}{\partial y} & \dfrac{\partial}{\partial z} \end{vmatrix}$$

$$= (-x^2y\frac{\partial}{\partial z} - xz^2\frac{\partial}{\partial y})\vec{i} + (xz^2\frac{\partial}{\partial x} - 2yz\frac{\partial}{\partial z})\vec{j}$$

$$+ (2yz\frac{\partial}{\partial y} + x^2y\frac{\partial}{\partial x})\vec{k}$$

（註：∇ 放在 $\vec{A}$ 的後面，所以 $\dfrac{\partial}{\partial x}$，$\dfrac{\partial}{\partial y}$，$\dfrac{\partial}{\partial z}$ 也要放在

$\quad A_1$，A_2，A_3 的後面）

$(\vec{A} \times \nabla)\phi$

$$= (-x^2y\frac{\partial\phi}{\partial z} - xz^2\frac{\partial\phi}{\partial y})\vec{i} + (xz^2\frac{\partial\phi}{\partial x} - 2yz\frac{\partial\phi}{\partial z})\vec{j}$$

$$+ (2yz\frac{\partial\phi}{\partial y} + x^2y\frac{\partial\phi}{\partial x})\vec{k}$$

$$= -(6x^4y^2z^2 + 2x^3z^5)\vec{i} + (4x^2yz^5 - 12x^2y^2z^3)\vec{j}$$

$$+ (4x^2yz^4 + 4x^3y^2z^3)\vec{k}$$

(e) $(\nabla\phi)$

$$= \frac{\partial\phi}{\partial x}\vec{i} + \frac{\partial\phi}{\partial y}\vec{j} + \frac{\partial\phi}{\partial z}\vec{k}$$

$$= 4xyz^3\vec{i} + 2x^2z^3\vec{j} + 6x^2yz^2\vec{k}$$

$$\vec{A} \times (\nabla\phi) = \begin{vmatrix} \vec{i} & \vec{j} & \vec{k} \\ 2yz & -x^2y & xz^2 \\ 4xyz^3 & 2x^2z^3 & 6x^2yz^2 \end{vmatrix}$$

$$= -(6x^4y^2z^2 + 2x^3z^5)\vec{i} + (4x^2yz^5 - 12x^2y^2z^3)\vec{j}$$
$$+ (4x^2yz^4 + 4x^3y^2z^3)\vec{k} \;;$$

（註：(d) = (e)）

練習題

1. 若 $\phi(x,y,z) = 2xz^4 - x^2y$，求在點 $(2, -2, -1)$ 的 $\nabla\phi$ 值和
    $|\nabla\phi|$ 值

    答 $\nabla\phi = 10\vec{i} - 4\vec{j} - 16\vec{k}$；$|\nabla\phi| = 2\sqrt{93}$

2. 若 $\vec{A}(x,y,z) = 2x^2 \cdot \vec{i} - 3yz\vec{j} + xz^2 \cdot \vec{k}$，$\phi(x,y,z) = 2z - x^3y$，
    求在點 $(1, -1, 1)$ 的 $\vec{A} \cdot \nabla\phi$ 值和 $\vec{A} \times \nabla\phi$ 值。

    答 $\vec{A} \cdot \nabla\phi = 5$；$\vec{A} \times \nabla\phi = 7\vec{i} - \vec{j} - 11\vec{k}$

3. 求 $\nabla|r|^3$。

    答 $3r \cdot \vec{r}$

4. $\nabla\phi(x,y,z) = 2xyz^3 \cdot \vec{i} + x^2z^3\vec{j} + 3x^2yz^2 \cdot \vec{k}$，若 $\phi(1, -2, 2)$
    $= 4$，求 $\phi(x,y,z)$

    答 $\phi(x,y,z) = x^2yz^3 + 20$

5. $\nabla\phi(x,y,z) = (y^2 - 2xyz^3) \cdot \vec{i} + (3 + 2xy - x^2z^3)\vec{j} + (6z^3 - 3x^2yz^2) \cdot \vec{k}$，求 $\phi(x,y,z)$

    答 $\phi(x,y,z) = xy^2 - x^2yz^3 + 3y + (3/2)z^4 +$ 常數

6. 曲面 $z = x^2 + y^2$，求在點 $(1, 2, 5)$ 垂直於此曲面的單位
    向量

    答 $\dfrac{2\vec{i} + 4\vec{j} - \vec{k}}{\pm\sqrt{21}}$

7. 若 $\vec{A}(x,y,z) = 3xyz^2 \cdot \vec{i} + 2xy^3\vec{j} - x^2yz \cdot \vec{k}$，$\phi(x,y,z) = 3x^2 - yz$，求在點 $(1, -1, 1)$ 的 (1) $\nabla \cdot \vec{A}$ 值；(2) $\vec{A} \cdot \nabla\phi$ 值；
    (3) $\nabla \cdot (\phi\vec{A})$ 值；(4) $\nabla \cdot (\nabla\phi)$ 值；

答 (1) $\nabla \cdot \vec{A} = 4$；(2) $\vec{A} \cdot \nabla \phi = -15$；(3) $\nabla \cdot (\phi \vec{A}) = 1$；(4)

$\nabla \cdot (\nabla \phi) = 6$

8. 求 $div(2x^2z \cdot \vec{i} - xy^2z\vec{j} + 3yz^2 \cdot \vec{k})$ 之值。

答 $4xz - 2xyz + 6yz$

9. 若 $\phi(x, y, z) = 3x^2z - y^2z^3 + 4x^3y + 2x - 3y - 5$，求 $\nabla^2\phi$ 值

答 $6z + 24xy - 2z^3 - 6y^2z$

10. 若 $\vec{A}(x, y, z) = 2xz^2 \cdot \vec{i} - yz\vec{j} + 3xz^3 \cdot \vec{k}$，$\phi(x, y, z) = x^2yz$，

求在點 $(1, 1, 1)$ 的 $(1) \nabla \times \vec{A}$；$(2) curl(\phi\vec{A})$；$(3) \nabla \times (\nabla \times \vec{A})$；

$(4) \nabla(\vec{A} \cdot curl\vec{A})$；$(5) curl\ grad(\phi\vec{A})$

答 $(1) \vec{i} + \vec{j}$；$(2) 5\vec{i} - 3\vec{j} - 4\vec{k}$；$(3) 5\vec{i} + 3\vec{k}$；

$(4) - 2\vec{i} + \vec{j} + 8\vec{k}$；$(5)0$

第 **5** 章　向量積分

　　本章將介紹：向量的一般積分、向量的線積分、面積分和體積分等。

5.1　向量的一般積分

---

1. 【向量的一般積分】此節是向量只有一個自變數的積分。

(1) 令 $\vec{R}(t) = R_1(t)\vec{i} + R_2(t)\vec{j} + R_3(t)\vec{k}$，則

$$\int \vec{R}(t)dt = \vec{i}\int R_1(t)dt + \vec{j}\int R_2(t)dt + \vec{k}\int R_3(t)dt$$

稱為 $\vec{R}(t)$ 的不定積分。

(2) 若積分為從 $t = a$ 積到 $t = b$，即

$$\int_a^b \vec{R}(t)dt = \vec{i}\int_a^b R_1(t)dt + \vec{j}\int_a^b R_2(t)dt + \vec{k}\int_a^b R_3(t)dt$$

稱為 $\vec{R}(t)$ 的定積分。

例 1　若 $\vec{R}(t) = (t - t^2)\vec{i} + (2t^3)\vec{j} + 3\vec{k}$，求 $(1)\int \vec{R}(t)dt$; $(2)\int_1^2 \vec{R}(t)dt$

解　$(1) \int \vec{R}(t)dt$

$$= \int [(t - t^2)\vec{i} + (2t^3)\vec{j} + 3\vec{k}]dt$$

$$= (\frac{t^2}{2} - \frac{t^3}{3} + c_1)\vec{i} + (\frac{t^4}{2} + c_2)\vec{j} + (3t + c_3)\vec{k}$$

$$= (\frac{t^2}{2} - \frac{t^3}{3})\vec{i} + (\frac{t^4}{2})\vec{j} + (3t)\vec{k} + (c_1\vec{i} + c_2\vec{j} + c_3\vec{k})$$

$$= (\frac{t^2}{2} - \frac{t^3}{3})\vec{i} + (\frac{t^4}{2})\vec{j} + (3t)\vec{k} + \vec{c}$$

$(2) \int_1^2 \vec{R}(t)dt$

$$= (\frac{t^2}{2} - \frac{t^3}{3})\vec{i} + (\frac{t^4}{2})\vec{j} + (3t)\vec{k} + \vec{c}\Big|_1^2$$

$$= -\frac{5}{6}\vec{i} + \frac{15}{2}\vec{j} + 3\vec{k}$$

例 2 有一質點在 $t>0$ 時的加速度為 $\vec{a}(t) = 3\sin t\vec{i} + 2\cos t\vec{j} + 4t\vec{k}$，

其在 $t=0$ 的速度 $\vec{v}(0) = \vec{i} + 2\vec{j} + 0\vec{k}$ 和位移為

$\vec{s}(0) = 0\vec{i} + 1\vec{j} + 2\vec{k}$，求其在 $t>0$ 時速度和位移

做法 加速度的積分是速度，速度的積分是位移。代入初值可

求出 $\vec{c}$

解 (1) $\vec{v}(t) = \int \vec{a}(t)dt = \int (3\sin t\vec{i} + 2\cos t\vec{j} + 4t\vec{k})dt$

$\qquad = -3\cos t\vec{i} + 2\sin t\vec{j} + 2t^2\vec{k} + \vec{c}$

$\quad \vec{v}(0) = \vec{i} + 2\vec{j} + 0\vec{k}$

$\qquad = [-3\cos t\vec{i} + 2\sin t\vec{j} + 2t^2\vec{k}]_{t=0} + \vec{c}$

$\qquad = [-3\vec{i} + 0\vec{j} + 0\vec{k}] + \vec{c}$

$\Rightarrow \vec{c} = 4\vec{i} + 2\vec{j} + 0\vec{k}$

$\Rightarrow \vec{v}(t) = (-3\cos t + 4)\vec{i} + (2\sin t + 2)\vec{j} + 2t^2\vec{k}$

(2) $\vec{s}(t) = \int \vec{v}(t)dt = \int [(-3\cos t + 4)\vec{i} + (2\sin t + 2)\vec{j} + 2t^2\vec{k}]dt$

$\qquad = (-3\sin t + 4t)\vec{i} + (-2\cos t + 2t)\vec{j} + \frac{2}{3}t^3\vec{k} + \vec{c}_1$

$\quad \vec{s}(0) = 0\vec{i} + 1\vec{j} + 2\vec{k}$

$\qquad = [(-3\sin t + 4t)\vec{i} + (-2\cos t + 2t)\vec{j} + \frac{2}{3}t^3\vec{k}]_{t=0} + \vec{c}_1$

$\qquad = 0\vec{i} - 2\vec{j} + 0\vec{k} + \vec{c}_1$

$\Rightarrow \vec{c}_1 = 0\vec{i} + 3\vec{j} + 2\vec{k}$

所以 $\vec{s}(t) = (-3\sin t + 4t)\vec{i} + (-2\cos t + 2t + 3)\vec{j} + (\frac{2}{3}t^3 + 2)\vec{k}$

5.2 向量的線積分

2.【線積分】線積分是積分路徑沿著某條曲線來做積分，它是向量函數有 2 個（或以上）的自變數的積分。

(1) 有一以參數表示的曲線 $C：\vec{r}(t) = x(t)\vec{i} + y(t)\vec{j} + z(t)\vec{k}$（見第 3.1 節第 1 點圖形）上的二點 P_1 和 P_2，及一向量函數

$$\vec{A}(x, y, z) = A_1(x, y, z)\vec{i} + A_2(x, y, z)\vec{j} + A_3(x, y, z)\vec{k}，$$

則向量函數 $\vec{A}(x, y, z)$ 沿著曲線 C，從點 P_1 到 P_2 的積分（稱為線積分（line integral））為（見下圖）

$$\int_{P_1}^{P_2} \vec{A} \cdot d\vec{r} = \int_{P_1}^{P_2} (A_1\vec{i} + A_2\vec{j} + A_3\vec{k}) \cdot (\vec{i}\,dx + \vec{j}\,dy + \vec{k}\,dz)$$

$$= \int_{P_1}^{P_2} A_1 dx + A_2 dy + A_3 dz$$

註：(a) $d\vec{r} = \vec{i}\,dx + \vec{j}\,dy + \vec{k}\,dz$

(b) $\int_C \vec{A} \cdot d\vec{r} = \int_C \vec{A} \cdot \vec{T} dl$，其中 $d\vec{r}$ 曲線 C 上的一小段向量，dl 是 $d\vec{r}$ 的弧長，$\vec{T}$ 是 $d\vec{r}$ 的切線的單位向量

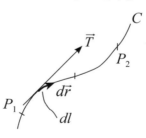

(2) 若上述的曲線 C 為一簡單封閉曲線（即曲線本身任何地方都不會相交，且曲線的起點和終點重疊），則可表示成

$$\oint \vec{A} \cdot d\vec{r} = \oint A_1 dx + A_2 dy + A_3 dz$$

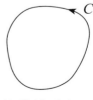

簡單封閉曲線

(3) 若 x, y, z 是 t 的函數，因 $dx = \dfrac{dx}{dt}dt = x'dt$（註：$x'$ 是 x 對 t 微分），$dy = y'dt$，$dz = z'dt$，所以

$$\int_C \vec{A} \cdot d\vec{r} = \int_C A_1 dx + A_2 dy + A_3 dz = \int_C A_1 x'dt + A_2 y'dt + A_3 z'dt$$

(4) 一般而言，線積分的結果不僅與向量函數 $\vec{A}\,(x, y, z)$ 有關，也和起點 P_1 與終點 P_2 位置、積分路徑有關。

例 3　若 $\vec{A} = (3x^2 + 6y)\vec{i} - (14yz)\vec{j} + (20xz^2)\vec{k}$，求 $\int_C \vec{A} \cdot d\vec{r}$，$C$ 從點 $(0, 0, 0)$ 到點 $(1, 1, 1)$，其路徑為：

(1) $x = t$，$y = t^2$，$z = t^3$；

(2) 從 $(0, 0, 0)$ 到 $(1, 0, 0)$ 到 $(1, 1, 0)$ 再到 $(1, 1, 1)$ 的直線；

(3) 從 $(0, 0, 0)$ 到 $(1, 1, 1)$ 的直線。

做法　線積分是沿著給定的路線做積分。

(1) 若路徑是以 t 表示，則代 t 到 $\vec{A}$ 內；

(2) 若路徑是以 x, y, z 表示，則代 x, y, z 到 $\vec{A}$ 內。

解　$\int_C \vec{A} \cdot d\vec{r}$

$= \int_C [(3x^2 + 6y)\vec{i} - 14yz\vec{j} + 20xz^2\vec{k}] \cdot [dx\vec{i} + dy\vec{j} + dz\vec{k}]$

$= \int_C [(3x^2 + 6y)dx - (14yz)dy + (20xz^2)dz]$

(1) $x = t$，$y = t^2$，$z = t^3$（t 從 0 到 1），則

$\int_C \vec{A} \cdot d\vec{r}$

$= \int_{t=0}^{1} (3t^2 + 6t^2)dt - 14(t^2)(t^3)d(t^2) + 20(t)(t^3)^2 d(t^3)$

$= \int_{t=0}^{1} (9t^2)dt - 28(t^6)dt + 60(t^9)dt$

$= 3t^3 - 4t^7 + 6t^{10}\Big|_0^1 = 5$

(2) (a)從 $(0, 0, 0)$ 到 $(1, 0, 0)$ 直線，

即 x 從 0 到 $1, y = 0, z = 0 \Rightarrow dy = 0, dz = 0$

$$\int_{x=0}^{1}[(3x^2 + 6y)dx - (14yz)dy + (20xz^2)dz]$$

$$= \int_{x=0}^{1} 3x^2 dx = x^3 \mid_0^1 = 1$$

(b)再從 $(1, 0, 0)$ 到 $(1, 1, 0)$ 直線，

即 y 從 0 到 $1, x = 1, z = 0 \Rightarrow dx = 0, dz = 0$

$$\int_{y=0}^{1}[(3x^2 + 6y)dx - (14yz)dy + (20xz^2)dz] = 0$$

(c)再從 $(1, 1, 0)$ 到 $(1, 1, 1)$ 直線，

即 z 從 0 到 $1, x = 1, y = 1 \Rightarrow dx = 0, dy = 0$

$$\int_{z=0}^{1}[(3x^2 + 6y)dx - (14yz)dy + (20xz^2)dz]$$

$$= \int_{z=0}^{1} 20z^2 dz = \frac{20z^3}{3} \mid_0^1 = \frac{20}{3}$$

最後將 3 結果相加，$\int_C \vec{A} \cdot d\vec{r} = 1 + 0 + \frac{20}{3} = \frac{23}{3}$

(3) 從 $(0, 0, 0)$ 到 $(1, 1, 1)$ 的直線

即 $x = t, y = t, z = t$，t 從 0 到 1

$$\int_C \vec{A} \cdot d\vec{r} = \int_{t=0}^{1}[(3t^2 + 6t)dt - (14t \cdot t)dt + (20t \cdot t^2)dt]$$

$$= \frac{13}{3}$$

註：積分路徑不同，線積分的結果可能不同

例 4 若力 $\vec{F}(x, y, z) = (3xy)\vec{i} - 5z\vec{j} + 10x\vec{k}$，沿著 $x = t^2 + 1$，$y = 2t^2$，$z = t^3$ 路徑，求 $t = 1$ 到 $t = 2$ 所做的功

做法 功是力和位移內積的積分

[解] $\displaystyle\int_C \vec{F} \cdot d\vec{r}$

$\displaystyle = \int_C [(3xy)\vec{i} - 5z\vec{j} + 10x\vec{k}] \cdot [dx\vec{i} + dy\vec{j} + dz\vec{k}]$

$\displaystyle = \int_C 3xy\,dx - 5z\,dy + 10x\,dz$

$\displaystyle = \int_C 3(t^2+1)(2t^2)d(t^2+1) - 5t^3 d(2t^2) + 10(t^2+1)d(t^3)$

$\displaystyle = \int_1^2 (12t^5 + 10t^4 + 12t^3 + 30t^2)dt = 303$

例 5 （線積分）求 $\displaystyle\int_C (x^2 + y^2 + z^2)^2 \cdot ds$，其中 C 爲一螺旋線，其參數式爲 $x = \cos t$，$y = \sin t$，$z = 3t$，其積分路徑由 $A(1, 0, 0)$ 到 $B(1, 0, 6\pi)$ 間（註：此題不是向量的線積分，而是非向量的積分，其目的是爲了兩者間的比較）

做法 $ds = \sqrt{(dx)^2 + (dy)^2 + (dz)^2}$ 代入

[解] 因 $x = \cos t$，$y = \sin t$，$z = 3t$

$\Rightarrow dx = -\sin t\,dt$，$dy = \cos t\,dt$，$dz = 3dt$

$(ds)^2 = (dx)^2 + (dy)^2 + (dz)^2$

$\qquad = (-\sin t\,dt)^2 + (\cos t\,dt)^2 + (3dt)^2 = 10(dt)^2$

$\Rightarrow ds = \sqrt{10}\,dt$

而 $A = (1, 0, 0)$ 表 $t = 0$；$A(1, 0, 6\pi)$ 表 $t = 2\pi$；

即 $0 \le t \le 2\pi$

所以 $\displaystyle\int_C (x^2 + y^2 + z^2)^2 \cdot ds = \int_0^{2\pi} (\cos^2 t + \sin^2 t + 9t^2)^2 \sqrt{10}\,dt$

$\displaystyle \qquad\qquad = \sqrt{10}\left[2\pi + 48\pi^3 + \frac{81}{5}(2\pi)^5 \right]$

註：(a)向量的線積分是 $\displaystyle\int_{P_1}^{P_2} \vec{A} \cdot d\vec{r}$，其中向量函數 $\vec{A}$ 和向量 $d\vec{r}$ 做內積

(b)非向量的積分是 $\displaystyle\int_{P_1}^{P} \phi(x, y, z)ds$，其中純量函數 ϕ 和純量 ds 相乘

3.【與路徑無關的線積分】

(1) 設 $\phi(x, y, z)$ 為一純量函數，$\vec{A}(x, y, z) = A_1\vec{i} + A_2\vec{j} + A_3\vec{k}$ 為一向量函數，且 $\vec{A}(x, y, z)$ 在區域 R 內皆可微分，C 為區域 R 內的一曲線（見下圖），P_1 和 P_2 為曲線 C 內的任二點，若 $\vec{A}(x, y, z) = \nabla\phi$ 時，也就是若 $A_1 = \dfrac{\partial\phi}{\partial x}$，$A_2 = \dfrac{\partial\phi}{\partial y}$，$A_3 = \dfrac{\partial\phi}{\partial z}$ 時，則

(a) $\int_{P_1}^{P_2} \vec{A} \cdot d\vec{r}$ 的結果只和 P_1 和 P_2 二點有關，與其路徑 C 無關

(b) $\oint \vec{A} \cdot d\vec{r} = 0$，對任何在區域 R 內的封閉曲線均成立

（註：因 P_1 和 P_2 為同一點，且積分又和路徑無關）

(2) 也就是 $\vec{A}(x, y, z)$ 若能表示成 $\nabla\phi$，則其線積分就與積分路徑無關，只和 P_1、P_2 有關

(3) 若 $\nabla \times \vec{A} = \vec{0}$，則 $\vec{A}(x, y, z)$ 能表示成 $\nabla\phi$（因 $\nabla \times (\nabla\phi) = \vec{0}$），其 $\int \vec{A} \cdot d\vec{r}$ 就與積分路徑無關。

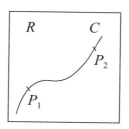

例 6　設 $\vec{A}(x, y, z) = (x + y)\vec{i} + (x + z)\vec{j} + (xyz)\vec{k}$ 為一向量函數，請問其線積分 $\int_C \vec{A} \cdot d\vec{r}$ 是否和積分路徑有關？

做法　若 $\nabla \times \vec{A} = \vec{0}$，則 $\vec{A}(x, y, z)$ 的線積分就與積分路徑無關

解 $\nabla \times \vec{A} = \begin{vmatrix} \vec{i} & \vec{j} & \vec{k} \\ \dfrac{\partial}{\partial x} & \dfrac{\partial}{\partial y} & \dfrac{\partial}{\partial z} \\ (x+y) & (x+z) & xyz \end{vmatrix}$

$$= \vec{i}(xz-1) + \vec{j}(-yz) + \vec{k}(0) \neq \vec{0}$$

所以其線積分就與積分路徑有關

例 7　求積分 $\displaystyle\int_{(0,0)}^{(2,1)}(10x^4 - 2xy^3)dx - 3x^2y^2 dy$，其積分路徑為

$x^4 - 6xy^3 = 4y^2$

做法　若 $\nabla \times \vec{A} = \vec{0}$，則 $\vec{A}(x,y,z)$ 的線積分就與積分路徑無關

解 $\nabla \times \vec{A} = \begin{vmatrix} \vec{i} & \vec{j} & \vec{k} \\ \dfrac{\partial}{\partial x} & \dfrac{\partial}{\partial y} & \dfrac{\partial}{\partial z} \\ (10x^4 - 2xy^3) & -3x^2y^2 & 0 \end{vmatrix}$

$$= 0\vec{i} + 0\vec{j} + \vec{k}\left(\frac{\partial}{\partial x}(-3x^2y^2) - \frac{\partial}{\partial y}(10x^4 - 2xy^3) \right) = \vec{0}$$

所以其線積分就與積分路徑無關，可任意選取一條路徑來積分

(a) 先從 $(0, 0)$ 到 $(2, 0)$ 的直線：此時 $y = 0$，$dy = 0$

$$\int_{(0,0)}^{(2,0)}(10x^4 - 2xy^3)dx - 3x^2y^2 dy = \int_{x=0}^{2} 10x^4 dx = 2x^5 \big|_0^2 = 64$$

(b) 再從 $(2, 0)$ 到 $(2, 1)$ 的直線：此時 $x = 2$，$dx = 0$

$$\int_{(2,0)}^{(2,1)}(10x^4 - 2xy^3)dx - 3x^2y^2 dy$$

$$= \int_{y=0}^{1}(-3 \cdot 2^2 y^2)dy = -4y^3 \big|_0^1 = -4$$

由 (a)(b) 得

$$\int_{(0,0)}^{(2,1)}(10x^4 - 2xy^3)dx - 3x^2y^2 dy = 64 + (-4) = 60$$

5.3 向量的面積分

4.【面積分】面積分是積分範圍爲一曲面的區域

(1)設 S 爲一封閉曲面（見下圖），ds 爲曲面 S 上的一微小面積，$\vec{n}$ 爲垂直於 ds 之單位向量，其方向爲正向（向外），則此微小面積 ds 的向量爲 $\vec{ds} = \vec{n} \cdot ds$。

(2)要求某一向量 $\vec{A}(x, y, z)$ 的曲面積分（surface integral），積分範圍爲曲面 S 時，則

(a) 可將此曲面 S 投影在 xy 平面（設爲區域 R），再化成對 x，y 的二重積分（見下圖），即

$$\iint\limits_S \vec{A} \cdot \vec{ds} = \iint\limits_S \vec{A} \cdot \vec{n}\, ds = \iint\limits_R \vec{A} \cdot \vec{n}\, \frac{dxdy}{|\vec{n} \cdot \vec{k}|} \text{，其中} \vec{k} = [0, 0, 1]\text{。}$$

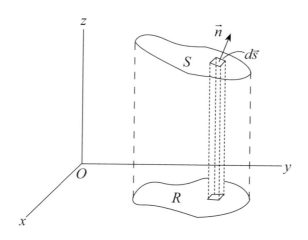

(b) 也可將此曲面 S 投影在 yz 平面（設爲區域 R），再化成對 y, z 的二重積分，即

$$\iint\limits_S \vec{A} \cdot \vec{ds} = \iint\limits_S \vec{A} \cdot \vec{n}\, ds = \iint\limits_R \vec{A} \cdot \vec{n}\, \frac{dydz}{|\vec{n} \cdot \vec{i}|} \text{，其中} \vec{i} = [1, 0, 0]\text{。}$$

> (c) 也可將此曲面 S 投影在 xz 平面（設爲區域 R），再化成對 x, z 的二重積分，即爲
>
> $$\iint_S \vec{A} \cdot d\vec{s} = \iint_S \vec{A} \cdot \vec{n}\, ds = \iint_R \vec{A} \cdot \vec{n}\, \frac{dxdz}{|\vec{n} \cdot \vec{j}|}，其中 \vec{j} = [0, 1, 0]。$$

例 8　求 $\displaystyle\iint_S \vec{A} \cdot d\vec{s}$，其中 $\vec{A}(x, y, z) = (18z)\vec{i} - 12 \cdot \vec{j} + (3y)\vec{k}$，而 S 是平面 $2x + 3y + 6z = 12$ 在第一卦限的範圍（見下圖）

做法　先分別求出 $\vec{n} = \dfrac{\nabla\phi}{|\nabla\phi|}$、$\vec{n} \cdot \vec{k}$、$\vec{A} \cdot \vec{n}$ 及 S 投影到 xy 平面的區域（稱爲 R），再代入面積分公式，求其積分。

解　(1) $\displaystyle\iint_S \vec{A} \cdot d\vec{s} = \iint_S \vec{A} \cdot \vec{n}\, ds = \iint_R \vec{A} \cdot \vec{n}\, \frac{dxdy}{|\vec{n} \cdot \vec{k}|}$

(2) $\vec{n}$ 爲垂直曲面的法向量，其方向爲

$\nabla(2x + 3y + 6z - 12) = 2\vec{i} + 3\vec{j} + 6\vec{k}$，所以

$$\vec{n} = \frac{2\vec{i} + 3\vec{j} + 6\vec{k}}{\sqrt{2^2 + 3^2 + 6^2}} = \frac{2}{7}\vec{i} + \frac{3}{7}\vec{j} + \frac{6}{7}\vec{k}$$

(3) $\vec{n} \cdot \vec{k} = (\frac{2}{7}\vec{i} + \frac{3}{7}\vec{j} + \frac{6}{7}\vec{k}) \cdot \vec{k} = \frac{6}{7}$

$\Rightarrow \dfrac{dxdy}{|\vec{n} \cdot \vec{k}|} = \dfrac{7}{6}dxdy$

(4) $\vec{A} \cdot \vec{n} = (18z\vec{i} - 12\vec{j} + 3y\vec{k}) \cdot (\frac{2}{7}\vec{i} + \frac{3}{7}\vec{j} + \frac{6}{7}\vec{k})$

$\quad = \dfrac{36z - 36 + 18y}{7}$

(5) 因 $\vec{A}$ 要投影到 xy 平面，z 要被取代掉

$\quad 2x + 3y + 6z = 12 \Rightarrow z = \dfrac{12 - 2x - 3y}{6}$（代入 $\vec{A} \cdot \vec{n}$ 內）

$\quad \Rightarrow \vec{A} \cdot \vec{n} = \dfrac{36z - 36 + 18y}{7} = \dfrac{36 - 12x}{7}$

(6) S 平面 $2x+3y+6z=12$ 投影到 x, y 平面方程式為

$2x+3y=12$（去掉 z 項），其範圍為 $0 \le y \le \dfrac{12-2x}{3}$ ，

$0 \le x \le 6$（因在第一卦限，$x \ge 0$，$y \ge 0$）

(7) $\displaystyle\iint_S \vec{A} \cdot d\vec{s} = \iint_R \vec{A} \cdot \vec{n} \frac{dxdy}{|\vec{n} \cdot \vec{k}|} = \int_{x=0}^{6} \int_{y=0}^{(12-2x)/3} (\frac{36-12x}{7})\frac{7}{6} dydx$

$\displaystyle = \int_{x=0}^{6} (24-12x+\frac{4x^2}{3})dx = 24$

（註：若 $\vec{n}$ 的方向與上面的方向相反，則其結果為 –24）

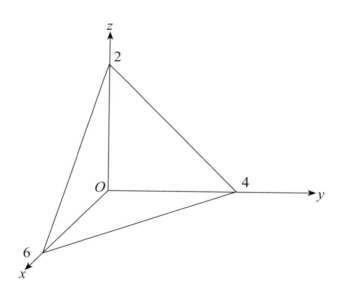

例 9 設 $\vec{A}(x, y, z) = z\vec{i} + x\vec{j} - (3y^2 z)\vec{k}$，$S$ 是圓柱 $x^2 + y^2 = 16$，$z=1$，$z=5$ 在第一卦限的表面積，求 $\displaystyle\iint_S \vec{A} \cdot d\vec{s}$（見下圖）

做法 同例 8，此題要求出 S 投影到 xz 平面的區域 R

解 (1) $\iint\limits_{S} \vec{A} \cdot d\vec{s} = \iint\limits_{S} \vec{A} \cdot \vec{n}\,ds = \iint\limits_{R} \vec{A} \cdot \vec{n}\,\dfrac{dxdz}{\left|\vec{n} \cdot \vec{j}\right|}$ ，（註：此處是用 xz

平面來做，所以是除以 $\left|\vec{n} \cdot \vec{j}\right|$ ）

(2) $\vec{n}$ 為垂直曲面的法向量，其方向為

$$\nabla(x^2 + y^2 - 16) = 2x\vec{i} + 2y\vec{j}$$

$$\Rightarrow \vec{n} = \frac{2x\vec{i} + 2y\vec{j}}{\sqrt{(2x)^2 + (2y)^2}} = \frac{x\vec{i} + y\vec{j}}{4}$$

(3) $\vec{n} \cdot \vec{j} = (\dfrac{x\vec{i} + y\vec{j}}{4}) \cdot \vec{j} = \dfrac{y}{4} \Rightarrow \left|\vec{n} \cdot \vec{j}\right| = \dfrac{y}{4}$

(4) $\vec{A} \cdot \vec{n} = [z\vec{i} + x\vec{j} - (3y^2 z)\vec{k}] \cdot (\dfrac{x\vec{i} + y\vec{j}}{4}) = \dfrac{1}{4}(xz + xy)$

(5) $x^2 + y^2 = 16 \Rightarrow y = \sqrt{16 - x^2}$ （$\vec{A}$ 要投影到 xz 平面，y

要被 取代掉）

(6) 圖形 $x^2 + y^2 = 16$，$z = 1$，$z = 5$ 投影到 xz 平面為

$x^2 = 16$ （去掉 y），$z = 1$，$z = 5$，其範圍為 $0 \le x \le 4$

（因 $x^2 = 16$），$1 \le y \le 5$

(7) $\iint\limits_{R} \vec{A} \cdot \vec{n}\,\dfrac{dxdz}{\left|\vec{n} \cdot \vec{j}\right|} = \iint\limits_{R} \dfrac{(xz + xy)}{4} \cdot \dfrac{4}{y}\,dxdz$

$$= \int\limits_{z=1}^{5} \int\limits_{x=0}^{4} (\frac{xz}{\sqrt{16 - x^2}} + x)\,dxdz$$

$$= \int\limits_{z=1}^{5} (4z + 8)\,dz = 80$$

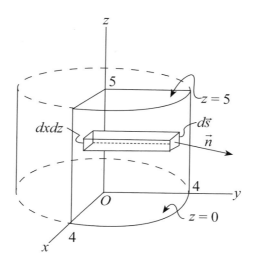

例 10 設 $\vec{v}(x, y, z) = (x + y^2)\vec{i} - 2x\vec{j} + (2yz)\vec{k}$，而 S 是平面 $2x + y + 2z = 6$ 在第一卦限的範圍，求 $\iint\limits_{S} \vec{v} \cdot d\vec{s}$

解 （請參閱例 8 的圖形）

(1) $\iint\limits_{S} \vec{v} \cdot d\vec{s} = \iint\limits_{S} \vec{v} \cdot \vec{n}\, ds = \iint\limits_{R} \vec{v} \cdot \vec{n}\, \dfrac{dxdy}{|\vec{n} \cdot \vec{k}|}$，

(2) $\vec{n}$ 為垂直曲面的法向量，

其方向為 $\nabla(2x + y + 2z - 6) = 2\vec{i} + \vec{j} + 2\vec{k}$，

所以 $\vec{n} = \dfrac{2\vec{i} + \vec{j} + 2\vec{k}}{\sqrt{2^2 + 1^2 + 2^2}} = \dfrac{2}{3}\vec{i} + \dfrac{1}{3}\vec{j} + \dfrac{2}{3}\vec{k}$

(3) $\vec{n} \cdot \vec{k} = (\dfrac{2}{3}\vec{i} + \dfrac{1}{3}\vec{j} + \dfrac{2}{3}\vec{k}) \cdot \vec{k} = \dfrac{2}{3} \Rightarrow \dfrac{dxdy}{|\vec{n} \cdot \vec{k}|} = \dfrac{3}{2}dxdy$

(4) $\vec{v} \cdot \vec{n} = [(x + y^2)\vec{i} - 2x\vec{j} + 2yz\vec{k})] \cdot (\dfrac{2}{3}\vec{i} + \dfrac{1}{3}\vec{j} + \dfrac{2}{3}\vec{k})$

$= \dfrac{2y^2 + 4yz}{3} = \dfrac{2}{3}(6y - 2xy)$

（$2z = 6 - 2x - y$ 代入得到）

(5) S 平面 $2x + y + 2z = 6$ 投影到 xy 平面方程式為 $2x + y$
$= 6$（去掉 z），其範圍為 $0 \le x \le \dfrac{6 - y}{2}$，$0 \le y \le 6$

(6) $\displaystyle\iint\limits_{S} \vec{v} \cdot d\vec{s} = \iint\limits_{R} \vec{v} \cdot \vec{n} \, \dfrac{dxdy}{\left|\vec{n} \cdot \vec{k}\right|}$

$\displaystyle = \int_{y=0}^{6} \int_{x=0}^{3-\frac{y}{2}} (6y - 2xy)dxdy$

$\displaystyle = \int_{y=0}^{6} (6yx - yx^2) \Big|_{x=0}^{3-\frac{y}{2}} \, dy$

$\displaystyle = \int_{y=0}^{6} (9y - \dfrac{y^3}{4})dy$

$\displaystyle = (\dfrac{9}{2} y^2 - \dfrac{y^4}{16}) \big|_0^6 = 81$

5.4 向量的體積分

5.【體積分】設空間有一封閉曲面 S 包圍的體積為 V，若此空間內有連續多項式函數 $f(x, y, z)$，或有連續向量函數 $\vec{A}(x, y, z)$，則 $\iiint f(x,y,z)dV$ 或 $\iiint \vec{A}(x,y,z)dV$ 稱為體積分（Volume integrals），其中 $\iiint f(x,y,z)dV$ 的結果為一多項式函數，$\iiint \vec{A}(x,y,z)dV$ 的結果為一向量函數。

6.【體積分的作法】以區域 $V = \{(x,y,z) \mid a \le x \le b, y_1(x) \le y \le y_2(x), z_1(x,y) \le z \le z_2(x,y)\}$ 為例，要求

$$\iiint_V f(x,y,z) = \int_a^b \left[\int_{y_1(x)}^{y_2(x)} \left(\int_{z_1(x,y)}^{z_2(x,y)} f(x,y,z)dz \right) dy \right] dx 時，$$

(a) 因變數 z 的範圍可用 x, y 表示，即 $z_1(x,y) \le z \le z_2(x,y)$，所以先做 $\int_{z_1(x,y)}^{z_2(x,y)} f(x,y,z)dz$ 的積分，假設其等於 $g(x,y)$；

(b) 再將 $z_1(x,y)$ 和 $z_2(x,y)$ 的範圍投影到 xy 平面上，之後因變數 y 的範圍可用 x 表示，即 $y_1(x) \le y \le y_2(x)$；

(c) 所以再積 $\int_{y_1(x)}^{y_2(x)} g(x,y)dy$，假設其等於 $h(x)$；

(d) 再將 $y_1(x)$ 和 $y_2(x)$ 的範圍投影到 x 軸上，其在 x 軸的範圍為 $[c, d]$（此時的 $c = a, d = b$）；

(e) 最後再積 $\int_c^d h(x)dx$。

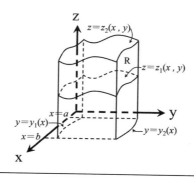

例 11 求 $\displaystyle\iiint_V (2x+y)dV$，其中 V 是由下列區域所包圍的體積 $z = 4 - x^2$ 和平面 $x = 0$，$y = 0$，$y = 2$ 和 $z = 0$，也就是其圖形是在第一卦線的 xz 平面的拋物面，在 $y = 0$，$y = 2$ 的範圍內。

做法 要先將 V 的範圍給界定出來，再求體積分。

(1) 因在第一卦限內，$z = 4 - x^2$ 要大於 0，其積分範圍為 $0 \leq z \leq 4 - x^2$，

(2) $0 \leq y \leq 2$（由題目得到），

(3) 因 $z = 4 - x^2 \geq 0$ 且 $x \geq 0$，所以 $0 \leq x \leq 2$

解
$$
\begin{aligned}
\iiint_V (2x+y)dV &= \int_{x=0}^{2} \int_{y=0}^{2} \int_{z=0}^{4-x^2} (2x+y)\,dz\,dy\,dx \\
&= \int_{x=0}^{2} \int_{y=0}^{2} (2x+y)z \big|_0^{4-x^2} \, dy\,dx \\
&= \int_{x=0}^{2} \int_{y=0}^{2} (4y + 8x - x^2 y - 2x^3)\,dy\,dx \\
&= \int_{x=0}^{2} (8 + 16x - 2x^2 - 4x^3)\,dx \\
&= (8x + 8x^2 - \frac{2}{3}x^3 - x^4)\big|_0^2 = \frac{80}{3}
\end{aligned}
$$

例 12 求由下列區域所包圍的體積 $x^2 + y^2 = a^2$ 和 $x^2 + z^2 = a^2$

做法 要先將 V 的範圍給界定出來，再求體積分。

見下圖，其體積是在第一卦限的 8 倍，即

(1) z 從 0 積到 $z = \sqrt{a^2 - x^2}$（因 $x^2 + z^2 = a^2$）

(2) y 從 0 積到 $y = \sqrt{a^2 - x^2}$（因 $x^2 + y^2 = a^2$）

(3)將圖形投影到 x 軸，x 從 0 積到 a

解 $8\int_{x=0}^{a}\int_{y=0}^{\sqrt{a^2-x^2}}\int_{z=0}^{\sqrt{a^2-x^2}}(1)dzdydx$

$=8\int_{x=0}^{a}\int_{y=0}^{\sqrt{a^2-x^2}}\sqrt{a^2-x^2}\,dydx$

$=8\int_{x=0}^{a}\sqrt{a^2-x^2}\int_{y=0}^{\sqrt{a^2-x^2}}1\,dydx$

$=8\int_{x=0}^{a}(a^2-x^2)dx=\dfrac{16a^3}{3}$

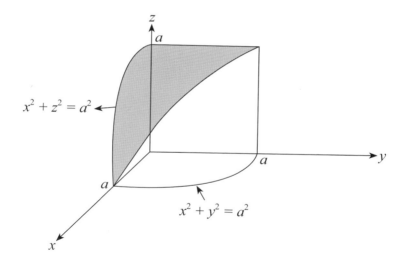

例 13 求 $\iiint\limits_{V}\vec{F}dV$，其中 $\vec{F}(x,y,z)=(2xz)\vec{i}-x\vec{j}+(y^2)\vec{k}$，而 V 是由下列區域所包圍 $x=0$，$y=0$，$y=6$，$z=x^2$，$z=4$（見下圖）

做法 (1) z 從 $z=x^2$ 積到 $z=4$（因 $x=0$ 開始積分，所以 $z=x^2$ $=0$ 開始積分）

(2) y 從 0 積到 6（由題目得知）

(3) 將 $z = x^2$ 投影到 x 軸，因 z 最大值為 4，所以 x 最大值為 2，即 x 從 0 積到 2

解 因 $z = x^2$，又 z 最大值為 4，

所以 z 最大值為 $4 = x^2 \Rightarrow x = 2$

$$\int_{x=0}^{2} \int_{y=0}^{6} \int_{z=x^2}^{4} (2xz\vec{i} - x\vec{j} + y^2\vec{k}) \, dzdydx$$

$$= \vec{i} \cdot \int_{x=0}^{2} \int_{y=0}^{6} \int_{z=x^2}^{4} (2xz) \, dzdydx + \vec{j} \int_{x=0}^{2} \int_{y=0}^{6} \int_{z=x^2}^{4} (-x) \, dzdydx$$

$$+ \vec{k} \cdot \int_{x=0}^{2} \int_{y=0}^{6} \int_{z=x^2}^{4} (y^2) \, dzdydx$$

$$= \vec{i} \cdot \int_{x=0}^{2} \int_{y=0}^{6} xz^2 \mid_{z=x^2}^{4} dydx + \vec{j} \cdot \int_{x=0}^{2} \int_{y=0}^{6} (-xz) \mid_{z=x^2}^{4} dydx$$

$$+ \vec{k} \cdot \int_{x=0}^{2} \int_{y=0}^{6} y^2 z \mid_{z=x^2}^{4} dydx$$

$$= \vec{i} \cdot \int_{x=0}^{2} \int_{y=0}^{6} x(16 - x^4) \, dydx + \vec{j} \cdot \int_{x=0}^{2} \int_{y=0}^{6} -x(4 - x^2) \, dydx$$

$$+ \vec{k} \cdot \int_{x=0}^{2} \int_{y=0}^{6} y^2 (4 - x^2) \, dydx$$

$$= \vec{i} \cdot \int_{x=0}^{2} 6(16x - x^5) \, dx - \vec{j} \cdot \int_{x=0}^{2} 6(4x - x^3) \, dx$$

$$+ \vec{k} \cdot \int_{x=0}^{2} 72(4 - x^2) \, dx$$

$$= 128\vec{i} - 24\vec{j} + 384\vec{k}$$

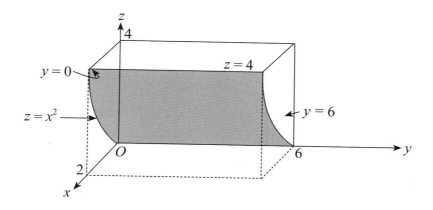

練習題

一、一般向量積分

1. 若 $\vec{R}(t) = (3t^2 - t)\vec{i} + (2 - 6t)\vec{j} - 4t\vec{k}$ ，求 （a）$\int \vec{R}(t)dt$；

   (b) $\int_2^4 \vec{R}(t)dt$；

   答 (a) $(t^3 - t^2/2)\vec{i} + (2t - 3t^2)\vec{j} - 2t^2\vec{k} + \vec{c}$；

   (b) $50\vec{i} - 32\vec{j} - 24\vec{k}$

2. 求 $\int_0^{\frac{\pi}{2}} [3\sin(t)\vec{i} + 2\cos(t)\vec{j}]dt$；

   答 $3\vec{i} + 2\vec{j}$

3. 若 $\vec{A}(t) = (t)\vec{i} - (t^2)\vec{j} + (t-1)\vec{k}$，$\vec{B}(t) = (2t^2)\vec{i} + (6t)\vec{k}$，求

   (a) $\int_0^2 \vec{A} \cdot \vec{B}\,dt$；(b) $\int_0^2 \vec{A} \times \vec{B}\,dt$

   答 (a)12；(b) $-24\vec{i} - 40/3\vec{j} + 64/5\vec{k}$

二、線積分

4. 若 $\vec{A} = (2y+3)\vec{i} + (xz)\vec{j} + (yz-x)\vec{k}$，求 $\int_C \vec{A} \cdot d\vec{r}$ 之值，其中 C 為

(a) $x = 2t^2$，$y = t$，$z = t^3$，t 從 0 到 1 的曲線；

(b) 由點 (0, 0, 0) 到點 (0, 0, 1)，再到點 (0, 1, 1)，最後到點 (2, 1, 1) 的直線；

(c) 連接點 (0, 0, 0) 到點 (2, 1, 1) 的直線

答 (a)288/35；(b)10；(c)8

5. 若 $\vec{A} = (3x^2)\vec{i} + (2xz-y)\vec{j} + (z)\vec{k}$，求 $\int_C \vec{A} \cdot d\vec{r}$ 之值，其中 C 為

(a) 由點 (0, 0, 0) 到點 (2, 1, 3) 的直線；

(b) $x = 2t^2$，$y = t$，$z = 4t^2 - t$，t 從 0 到 1 的曲線；

(c) $x^2 = 4y$，$3x^3 = 8z$，x 從 0 到 2 的曲線

答 (a)16；(b)14.2；(c)16

6. 若 $\vec{A} = (5xy - 6x^2)\vec{i} + (2y - 4x)\vec{j}$，求 $\int_C \vec{A} \cdot d\vec{r}$ 之值，其中 C 為 $y = x^3$，從點 (1, 1) 到點 (2, 8)

答 35

7. 若 $\vec{A} = (x - 3y)\vec{i} + (y - 2x)\vec{j}$，求 $\int_C \vec{A} \cdot d\vec{r}$ 之值，其中 C 為 $x = 2\cos t$，$y = 3\sin t$，t 從 0 到 2π 的曲線

答 6π

8. 若 $\phi = 2xy^2z + x^2y$，求 $\int_C \phi d\vec{r}$ 之值，其中 C 為

(a) $x = t$，$y = t^2$，$z = t^3$，t 從 0 到 1 的曲線；

(b) 由點 (0, 0, 0) 到點 (1, 0, 0)，再到點 (1, 1, 0)，最後到點 (1, 1, 1) 的直線；

答 (a) $\dfrac{19}{45}\vec{i}+\dfrac{11}{15}\vec{j}+\dfrac{75}{77}\vec{k}$；(b) $\dfrac{1}{2}\vec{j}+2\vec{k}$

三、面積分

9. 求 $\displaystyle\iint_{S}\vec{A}\cdot d\vec{s}$，其中 $\vec{A}(x,y,z)=y\vec{i}+2x\vec{j}-z\vec{k}$，而 S 是平面
   $2x+y=6$，$x>0$，$y>0$，$z>0$，$z<4$ 所圍成的區域

   答 108

10. 求 $\displaystyle\iint_{S}\vec{A}\cdot d\vec{s}$，其中 $\vec{A}(x,y,z)=(x+y^2)\vec{i}-2x\cdot\vec{j}+(2yz)\vec{k}$，
    而 S 是平面 $2x+y+2z=6$ 在第一掛限所圍成的區域

    答 81

11. 求 $\displaystyle\iint_{S}\vec{A}\cdot d\vec{s}$，其中 $\vec{A}(x,y,z)=2y\vec{i}-z\vec{j}+x^2\vec{k}$，而 S 是拋物
    柱面 $y^2=8x$ 在第一掛限與平面 $y=4,\,z=6$ 所圍成的區域

    答 132

12. 求 (1) $\displaystyle\iint_{S}(\nabla\times\vec{A})\cdot d\vec{s}$；(2) $\displaystyle\iint_{S}\phi d\vec{s}$，其中 $\vec{A}(x,y,z)=(x+2y)$
    $\vec{i}-3z\vec{j}+x\vec{k}$，$\phi(x,y,z)=4x+3y-2z$，而 S 是 $2x+y+$
    $2z=6$ 在第一掛限與平面 $x=0$，$x=1$，$y=0$ 和 $y=2$ 所
    圍成的區域

    答 (1)1；(2) $2\vec{i}+\vec{j}+2\vec{k}$

四、體積分

13. 求 $\displaystyle\iiint_{V}(2x+y)dV$，其中 V 是由 $z=4-x^2$ 和平面 $x=0$，
    $y=0$，$y=2$ 和 $z=0$ 所包圍的體積

    答 80/3

14.若$\vec{A}(x,y,z)=(2x^2-3z)\vec{i}-2xy\vec{j}-4x\vec{k}$，求 (1) $\iiint\limits_V \nabla\cdot\vec{A}dV$，

(2) $\iiint\limits_V \nabla\times\vec{A}dV$，其中 V 是由$2x+2y+z=4$在第一掛限

所包圍的體積

答 (1) $\dfrac{8}{3}$；(2) $\dfrac{8}{3}\vec{j}-\dfrac{8}{3}\vec{k}$

第 **6** 章　向量積分的三個定理

　　本章將介紹向量積分的三個定理，分別為：平面的格林定理、高斯散度定理和司拖克定理。

6.1　平面的格林定理

---

1. 【**格林定理**（Green Theorem）】

　　(1) 設 R 為 xy 平面上的一封閉區域（見下圖），曲線

　　　　$C : \vec{r}(t) = x(t)\vec{i} + y(t)\vec{j}$ 是此區域的外圍邊緣，若向量函

　　　　數 $\vec{A}(x, y) = f(x, y)\vec{i} + g(x, y)\vec{j}$ 中的 $f(x, y)$、$g(x, y)$ 及其

　　　　偏導數 $\dfrac{\partial f}{\partial y}$、$\dfrac{\partial g}{\partial x}$ 在 R 內均為連續，則

$$\oint_C \vec{A} \cdot d\vec{r} = \oint_C f\,dx + g\,dy = \iint_R \left(\frac{\partial g}{\partial x} - \frac{\partial f}{\partial y} \right) dx\,dy$$

　　　　（註：此處 $d\vec{r} = \vec{i}\,dx + \vec{j}\,dy$，且 C 是逆時針方向移動）
　　　　此定理稱為格林定理。

　　(2) 格林定理把向量函數的「平面曲線」線積分轉換成純
　　　　量函數的面積分，它是「二度空間」的一個定理。

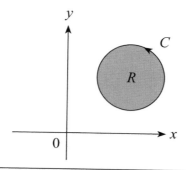

例 1 求 $\int_C (\frac{2}{3}xy^3 - x^2 y)dx + x^2 y^2 dy$，$C$ 為由 $y = x^2 - x$、$x = 1$、

$x = y$ 所圍成的封閉曲線

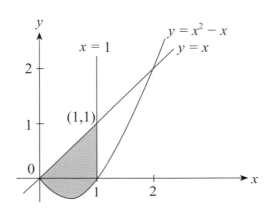

做法 (1) 區域 R 的範圍是：

(a) y 的範圍是從 $y = x^2 - x$ 積到 $y = x$；

(b) 再將區域 R 投影到 x 軸上，其範圍從 $x = 0$ 到 $x = 1$；

(2) 分別用格林定理的線積分和面積分來解

解 (1) 用面積分解：

令 $f(x, y) = \frac{2}{3}xy^3 - x^2 y$、$g(x, y) = x^2 y^2$

$\Rightarrow \frac{\partial f}{\partial y} = 2xy^2 - x^2$、$\frac{\partial g}{\partial x} = 2xy^2$

所以 $\int_C (\frac{2}{3}xy^3 - x^2 y)dx + x^2 y^2 dy$

$= \iint_R (\frac{\partial g}{\partial x} - \frac{\partial f}{\partial y})dxdy$

$= \iint_R [2xy^2 - (2xy^2 - x^2)]dxdy$

$$= \int_{x=0}^{1} \int_{y=x^2-x}^{x} x^2 \, dy dx$$

$$= \int_{x=0}^{1} x^2 y \mid_{y=x^2-x}^{x} dx$$

$$= \int_{x=0}^{1} x^3 (2-x) dx = \frac{3}{10}$$

〔另解〕 (2) 用線積分解，即將封閉曲線 C 分成三段來積分

(a) C_1 段：$y = x^2 - x$，由點 $(0, 0)$ 到點 $(1, 0)$，

其中 $dy = (2x - 1) dx$

$$\int_{C_1} (\frac{2}{3} xy^3 - x^2 y) dx + x^2 y^2 dy$$

$$= \int_{c_1} [\frac{2}{3} x \cdot (x^2 - x)^3 - x^2 (x^2 - x) + x^2 (x^2 - x)^2 \cdot (2x - 1)] dx$$

$$= \int_{0}^{1} \frac{1}{3} (8x^7 - 21x^6 + 18x^5 - 8x^4 + 3x^3) dx = \frac{1}{20}$$

(b) C_2 段：$x = 1$，由點 $(1, 0)$ 到點 $(1, 1)$，其中 $dx = 0$

$$\int_{C_2} (\frac{2}{3} xy^3 - x^2 y) dx + x^2 y^2 dy$$

$$= \int_{c_2} [\frac{2}{3} (1) y^3 - (1)^2 y] \cdot 0 + (1)^2 y^2 dy$$

$$= \int_{0}^{1} y^2 dy = \frac{1}{3}$$

(c) C_3 段：$x = y$，由點 $(1, 1)$ 到點 $(0, 0)$，其中 $dy = dx$

$$\int_{C_3} (\frac{2}{3} xy^3 - x^2 y) dx + x^2 y^2 dy$$

$$= \int_{c_3} [\frac{2}{3} x \cdot (x)^3 - x^2 (x) + x^2 (x^2)] dx$$

$$= \int_{1}^{0} (\frac{5}{3} x^4 - x^3) dx = -\frac{1}{12}$$

由 (a) + (b) + (c) 得 $\int_C (\frac{2}{3} xy^3 - x^2 y)dx + x^2 y^2 dy$

$$= \frac{1}{20} + \frac{1}{3} - \frac{1}{12} = \frac{3}{10}$$

(3) 由 (1)(2) 知，格林定理是成立的

例 2　求 $\int_C (xy + y^2)dx + x^2 dy$，$C$ 為由 $y = x^2$、$y = x$ 所圍成的封閉曲線

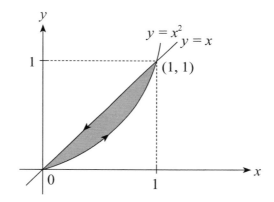

做法　(1) 區域 R 的範圍是：

(a) y 的範圍是從 $y = x^2$ 積到 $y = x$；

(b) 再將區域 R 投影到 x 軸上，其範圍從 $x = 0$ 到 $x = 1$；

(2) 分別用格林定理的線積分和面積分來解

解　(1) 用線積分解，封閉區域是由二曲線 $y = x^2$ 和 $y = x$ 圍起來的

(a) 沿著 $y = x^2$ 從 $(0, 0)$ 到 $(1, 1)$ 的線積分為（其中 $dy = 2xdx$）

$$\int_C (xy + y^2)dx + x^2dy$$

$$= \int_{x=0}^{1} [x \cdot (x^2) + x^4]dx + (x^2)(2x)dx = \int_{x=0}^{1} (3x^3 + x^4)dx = \frac{19}{20}$$

(b)沿著 $y = x$ 從 (1, 1) 到 (0, 0) 的線積分為（其中 $dy = dx$）

$$\int_C (xy + y^2)dx + x^2dy$$

$$= \int_{x=1}^{0} [x \cdot (x) + x^2]dx + (x^2)dx = \int_{x=1}^{0} (3x^2)dx = -1$$

(c)由 (a) + (b) 得 $\oint_C fdx + gdy = \frac{19}{20} - 1 = -\frac{1}{20}$

〔另解〕(2) 用面積分解

$$\iint_R \left(\frac{\partial g}{\partial x} - \frac{\partial f}{\partial y}\right)dxdy = \iint_R [\frac{\partial}{\partial x}(x^2) - \frac{\partial}{\partial y}(xy + y^2)]dxdy$$

$$= \iint_R (x - 2y)dxdy = \int_{x=0}^{1} \int_{y=x^2}^{x} (x - 2y)dydx$$

$$= \int_{x=0}^{1} [xy - y^2]\Big|_{x^2}^{x} dx = \int_{x=0}^{1} (x^4 - x^3)dx = -\frac{1}{20}$$

(3) 由 (1)(2) 知，格林定理是成立的

6.2 高斯散度定理

2.【高斯定理】

(1) 設 T 為封閉曲面 S 所包圍的體積，$\vec{u}(x, y, z)$ 為連續的向量函數，$\vec{n}$ 為垂直於 S 的單位正向量（向外），則向量函數 $\vec{u}(x, y, z)$ 沿封閉曲面 S 外側的曲面積分，等於它的散度 $\nabla \cdot \vec{u}$（或 div $\vec{u}$）在區域 T 的三重積分，即

$$\iint_S \vec{u} \cdot \vec{n} \, dS = \iiint_T \nabla \cdot \vec{u} \, dV = \iiint_T div \vec{u} \, dV$$

此定理稱為高斯定理（Gauss Theorem）或稱為散度定理（Divergence Theorem）。

(2) 高斯定理是將「曲面積分」轉換成「三重積分」（或稱體積分），或反向轉換。

(3) 以下圖長方體為例，三重積分（體積分）的積分範圍是長方體的體積；而曲面積分是積六個面。

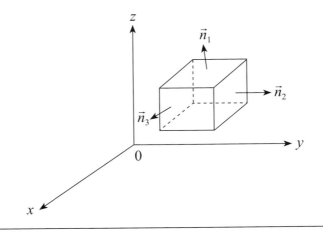

例 3　設 $\vec{u}(x,y,z) = x \cdot \vec{i} + y \cdot \vec{j} + z \cdot \vec{k}$，$S$ 為由 $x = 0$、$x = 1$、$y = 0$、$y = 1$、$z = 0$、$z = 1$ 所圍成的立方體，求 $\iint_S \vec{u} \cdot \vec{n} dS$

解　由高斯定理知 $\iint_S \vec{u} \cdot \vec{n} dS = \iiint_V \nabla \cdot \vec{u} dV$

$$= \iiint_V (\frac{\partial}{\partial x}x + \frac{\partial}{\partial y}y + \frac{\partial}{\partial z}z)dV = \int_0^1 \int_0^1 \int_0^1 3 dzdydx = 3$$

例 4　設 $\vec{u}(x,y,z) = 4x \cdot \vec{i} - 2y^2 \cdot \vec{j} + z^2 \cdot \vec{k}$，$S$ 為由 $x^2 + y^2 = 4$、$z = 0$ 和 $z = 3$ 所圍成的立方體，求 $\iint_S \vec{u} \cdot \vec{n} dS$

做法　先界定 V 的範圍，$0 \leq z \leq 3$（題目知），

$-\sqrt{4 - x^2} \leq y \leq \sqrt{4 - x^2}$（因 $x^2 + y^2 = 4$），

$-2 \leq x \leq 2$（將 $x^2 + y^2 = 4$ 投影到 x 軸上）

解　由高斯定理知 $\iint_S \vec{u} \cdot \vec{n} dS = \iiint_V \nabla \cdot \vec{u} dV$

$$= \iiint_V [\frac{\partial}{\partial x}(4x) + \frac{\partial}{\partial y}(-2y^2) + \frac{\partial}{\partial z}(z^2)]dV$$

$$= \int_{x=-2}^2 \int_{y=-\sqrt{4-x^2}}^{\sqrt{4-x^2}} \int_{z=0}^3 (4 - 4y + 2z)dzdydx$$

$$= \int_{x=-2}^2 \int_{y=-\sqrt{4-x^2}}^{\sqrt{4-x^2}} (21 - 12y)dydx$$

$$= \int_{x=-2}^2 42\sqrt{4 - x^2}dx$$

$$= 84\pi \quad (\text{令 } x = 2\sin\theta \text{ 解得})$$

例 5　設 $\vec{F}(x,y,z) = 4xz \cdot \vec{i} - y^2 \cdot \vec{j} + yz \cdot \vec{k}$，$S$ 為由 $x = 0$ 和 $x = 1$、$y = 0$ 和 $y = 1$、$z = 0$ 和 $z = 1$ 所圍成的正立方體，證明散度定理是成立的

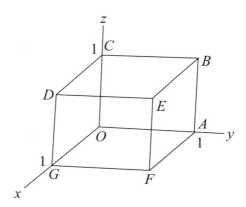

做法 分別用高斯定理的面積分和體積分來解，看此二解法答
案是否相同

解 (1) 先用面積分 $\iint\limits_{S} \vec{F} \cdot \vec{n} dS$ 來解，共有 6 個面：

(a)DEFG 面，$\vec{n} = \vec{i}$（此平面朝外的向量為 $\vec{i}$），$x = 1$
（此平面 x 軸固定為 1，$0 \leq y \leq 1$，$0 \leq z \leq 1$）

$$\Rightarrow \iint\limits_{DEFG} \vec{F} \cdot \vec{n} dS = \int_0^1 \int_0^1 (4xz\vec{i} - y^2\vec{j} + yz\vec{k}) \cdot \vec{i} \, dydz$$

$$= \int_0^1 \int_0^1 4z \, dydz = 2$$

(b)ABCO 面，$\vec{n} = -\vec{i}$（此平面朝外的向量為 $-\vec{i}$），
$x = 0$（此平面 x 軸固定為 0）

$$\Rightarrow \iint\limits_{ABCO} \vec{F} \cdot \vec{n} dS = \int_0^1 \int_0^1 (-y^2\vec{j} + yz\vec{k}) \cdot (-\vec{i}) dydz = 0$$

(c)ABEF 面，$\vec{n} = \vec{j}$，$y = 1$

$$\Rightarrow \iint\limits_{ABEF} \vec{F} \cdot \vec{n} dS = \int_0^1 \int_0^1 (4xz\vec{i} - \vec{j} + z\vec{k}) \cdot (\vec{j}) dxdz$$

$$= \int_0^1 \int_0^1 -dxdz = -1$$

(d)OGDC 面，$\vec{n} = -\vec{j}$，$y = 0$

$$\Rightarrow \iint_{OGDC} \vec{F} \cdot \vec{n} dS = \int_0^1 \int_0^1 (4xz\vec{i}) \cdot (-\vec{j})dxdz = 0$$

(e)BCDE 面，$\vec{n} = \vec{k}$，$z = 1$

$$\Rightarrow \iint_{DEFG} \vec{F} \cdot \vec{n} dS = \int_0^1 \int_0^1 (4x\vec{i} - y^2\vec{j} + y\vec{k}) \cdot \vec{k} dxdy$$

$$= \int_0^1 \int_0^1 ydxdy = \frac{1}{2}$$

(f)AFGO 面，$\vec{n} = -\vec{k}$，$z = 0$

$$\Rightarrow \iint_{AFGO} \vec{F} \cdot \vec{n} dS = \int_0^1 \int_0^1 (-y^2\vec{j}) \cdot (-\vec{k})dxdy = 0$$

(g)將上述相加起來

$$\Rightarrow \iint_S \vec{F} \cdot \vec{n} dS = 2 + 0 + (-1) + 0 + \frac{1}{2} + 0 = \frac{3}{2}$$

(2) 用體積分 $\iiint_T \nabla \cdot \vec{F} dV$ 來解

$$\nabla \cdot \vec{F} = (\frac{\partial}{\partial x}\vec{i} + \frac{\partial}{\partial y}\vec{j} + \frac{\partial}{\partial z}\vec{k}) \cdot (4xz\vec{i} - y^2\vec{j} + yz \cdot \vec{k})$$

$$= 4z - 2y + y = 4z - y$$

$$\iiint_T \nabla \cdot \vec{F} dV = \int_{x=0}^1 \int_{y=0}^1 \int_{z=0}^1 (4z - y)dzdydx$$

$$= \int_{x=0}^1 \int_{y=0}^1 (2 - y)dydx = \int_{x=0}^1 \frac{3}{2}dx = \frac{3}{2}$$

(3) 由上知，(1) = (2)，散度定理是成立的

6.3　司拖克定理

3.【司拖克定理（Stoke's Theorem）】

(1) 設 S 是被封閉曲線 C 所包圍的曲面（即：空間曲面 S 有一缺口，此缺口曲線的方程式為 C，見下圖），$\vec{v}\,(x, y, z)$ 為連續的向量函數，則

$$\oint_{C} \vec{v} \cdot d\vec{r} = \iint_{S} (\nabla \times \vec{v}) d\vec{S} = \iint_{S} (\nabla \times \vec{v}) \cdot \vec{n} dS$$

此定理稱為司拖克定理。

其中 C 是沿正方向移動（意為沿 C 移動時，C 與 $\vec{n}$ 的方向是依右旋系法則；也就是若曲面的法向量為 $\vec{n} = p\vec{i} + q\vec{j} + r\vec{k}$ 時，r 為正值，C 為逆時針方向；r 為負值，C 為順時針方向）

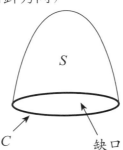

(2) 司拖克定理是把空間曲線的「線積分」（對上圖的曲線 C 做積分）轉換成「面積分」（對上圖的曲面 S 做積分），或反向轉換。

(3) 若 $\vec{v}\,(x, y, z)$ 的 z 分量等於 0，即 $\vec{v}$ 為二維平面的向量函數，此時司拖克定理就變成平面的格林定理，也就是司拖克定理是格林定理的延伸。

（註：xy 平面的法向量 $\vec{n} = [0, 0, 1]$）

例6 若 $\vec{v}(x,y,z) = (2x-y)\cdot\vec{i} - yz^2\cdot\vec{j} - y^2z\cdot\vec{k}$，$S$ 為

$x^2 + y^2 + z^2 = 1$ 球的上半表面、C 在 xy 平面上，為其所

包圍的曲面，求 (1) $\oint\limits_C \vec{v}\cdot d\vec{r}$，(2) $\iint\limits_S (\nabla\times\vec{v})d\vec{S}$

做法 此題圖形類似上圖（半球形），曲面 S 的缺口 C 是在 xy 平面，圓心在原點、半徑為 1 的圓

解 (1) 求線積分 $\oint\limits_C \vec{v}\cdot d\vec{r}$：

C 是在 xy 平面且半徑為 1、圓心在原點的圓，其方程式為 $x = \cos t$，$y = \sin t$，$0 \le t < 2\pi$，$z = 0$，$\Rightarrow dx = -\sin t dt$、$dy = \cos t dt$

所以 $\oint\limits_C \vec{v}\cdot d\vec{r} = \oint\limits_C (2x-y)dx - yz^2 dy - y^2 z dz$

$$= \int_0^{2\pi} (2\cos t - \sin t)(-\sin t)dt = \pi \cdots\cdots(1)$$

（註：$d\vec{r} = \vec{i}\,dx + \vec{j}dy + \vec{k}dz$）

(2) 求面積分 $\iint\limits_S (\nabla\times\vec{v})\cdot\vec{n}dS$：由第 5.3 節向量的面積分

知，若將 S 投影到 xy 平面，其為

$$\iint\limits_S (\nabla\times\vec{v})\cdot\vec{n}dS = \iint\limits_R (\nabla\times\vec{v})\cdot\vec{n}\frac{dxdy}{|\vec{n}\cdot\vec{k}|}$$

(a) 先求 $\nabla\times\vec{v}$

而 $\nabla\times\vec{v} = \begin{vmatrix} \vec{i} & \vec{j} & \vec{k} \\ \dfrac{\partial}{\partial x} & \dfrac{\partial}{\partial y} & \dfrac{\partial}{\partial z} \\ 2x-y & -yz^2 & -y^2z \end{vmatrix} = \vec{k}$

(b)求 $\vec{n}$

$$\nabla S = \nabla(x^2 + y^2 + z^2 - 1) = 2x\vec{i} + 2y\vec{j} + 2z\vec{k}$$

$$\Rightarrow \vec{n} = \frac{2x\vec{i} + 2y\vec{j} + 2z\vec{k}}{\sqrt{4x^2 + 4y^2 + 4z^2}} = x\vec{i} + y\vec{j} + z\vec{k}$$

（因 $x^2 + y^2 + z^2 = 1$）

(c)求 $\vec{n} \cdot \vec{k}$

$$\vec{n} \cdot \vec{k} = (x\vec{i} + y\vec{j} + z\vec{k}) \cdot \vec{k} = z \text{ 且 } \vec{n} \cdot \vec{k} = |\vec{n} \cdot \vec{k}|$$

(d)代入面積分公式

$$\iint\limits_S (\nabla \times \vec{v}) \cdot \vec{n} dS = \iint\limits_S \vec{k} \cdot \vec{n} dS = \iint\limits_R \vec{k} \cdot \vec{n} \frac{dxdy}{|\vec{n} \cdot \vec{k}|} = \iint\limits_R dxdy$$

(e)求出區域 R 的範圍

R 是 S 投影在 xy 平面的圖形，其為一圓 $(x^2 + y^2 = 1)$，
先積 y，y 從 $-\sqrt{1-x^2}$ 積到 $\sqrt{1-x^2}$，再積 x，x 從 -1
積到 1

(f)代入 (d) 式

$$\iint\limits_R dxdy = \int_{x=-1}^{1} \int_{y=-\sqrt{1-x^2}}^{\sqrt{1-x^2}} dydx$$

$$= 4\int_0^1 \int_0^{\sqrt{1-x^2}} dydx = 4\int_0^1 \sqrt{1-x^2}\, dx = \pi \cdots\cdots(2)$$

（註：第 (2) 式的積分為：令 $x = \sin\theta \Rightarrow dx = \cos\theta d\theta$

$$\Rightarrow \int_0^1 \sqrt{1-x^2}\, dx = \int_0^{\frac{\pi}{2}} \cos^2\theta d\theta = \int_0^{\frac{\pi}{2}} \frac{\cos(2\theta)+1}{2} d\theta = \frac{\pi}{4}）$$

(3) 由上可知 (1) = (2)

例 7 若 $\vec{v}(x, y, z) = xz \cdot \vec{i} - y \cdot \vec{j} - x^2 y \cdot \vec{k}$，$S$ 為 $x = 0$（yz 平面）、$z = 0$（xy 平面）、$2x + y + 2z = 8$（缺口在 xz 平面）、C 為其所包圍的曲線，求 (1) $\oint\limits_C \vec{v} \cdot d\vec{r}$，(2) $\iint\limits_S (\nabla \times \vec{v}) d\vec{S}$

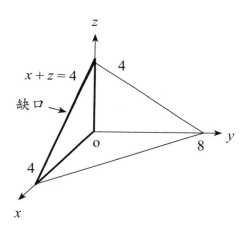

做法 此題曲面 S 的缺口 C 是由三條線圍起：$x + z = 4$，x 軸和 z 軸

解 (1) 求線積分 $\oint\limits_C \vec{v} \cdot d\vec{r}$（有三條線，分別為 $x + z = 4$，x 軸和 z 軸）

(a) $x + z = 4$，此時 $y = 0$，$dy = 0$ 且 $z = 4 - x \Rightarrow dz = -dx$

$$\oint\limits_C \vec{v} \cdot d\vec{r} = \oint\limits_C (xz)dx - ydy - x^2 y dz$$

$$= \int_0^4 x(4 - x)dx = (2x^2 - \frac{x^3}{3})\Big|_0^4 = \frac{32}{3}$$

(b) x 軸（$y = 0$，$z = 0$），此時 $dy = 0$，$dz = 0$

$$\oint_C \vec{v} \cdot d\vec{r} = \oint_C (xz)dx - ydy - x^2 ydz = 0$$

(c)z 軸　$(x = 0，y = 0)$，此時 $dx = 0，dy = 0$

$$\oint_C \vec{v} \cdot d\vec{r} = \oint_C (xz)dx - ydy - x^2 ydz = 0$$

(a) + (b) + (c) $\Rightarrow \oint_C \vec{v} \cdot d\vec{r} = \dfrac{32}{3}$

(2) 求面積分 $\displaystyle\iint_S (\nabla \times \vec{v})d\vec{S} = \iint_S (\nabla \times \vec{v}) \cdot \vec{n}dS$

$$= \iint_R (\nabla \times \vec{v}) \cdot \vec{n} \frac{dxdy}{|\vec{n} \cdot \vec{k}|} \quad (S \text{ 投影到 } xy \text{ 平面為 } R)$$

面積分（有三個面，分別是 $2x + y + 2z = 8$，$z = 0$ 平面和 $x = 0$ 平面）

(a)$2x + y + 2z = 8$ 平面：

(i)　先求 $\vec{n}$ 與 $\vec{n} \cdot \vec{k}$

$\nabla(2x + y + 2z - 8) = 2\vec{i} + \vec{j} + 2\vec{k}$ 且 $\sqrt{2^2 + 1^2 + 2^2} = 3$

$$\Rightarrow \vec{n} = \frac{2\vec{i} + \vec{j} + 2\vec{k}}{3} \Rightarrow \vec{n} \cdot \vec{k} = \frac{2}{3}$$

(ii)　求 $\nabla \times \vec{v}$ 之值

$$\nabla \times \vec{v} = \begin{vmatrix} \vec{i} & \vec{j} & \vec{k} \\ \dfrac{\partial}{\partial x} & \dfrac{\partial}{\partial y} & \dfrac{\partial}{\partial z} \\ xz & -y & -x^2 y \end{vmatrix} = -x^2\vec{i} + (x + 2xy)\vec{j}$$

(iii)代入面積分公式，求出此面的積分結果

$$\iint_S (\nabla \times \vec{v}) \cdot \vec{n}dS \quad (\text{投影到 } xy \text{ 平面，} z = 4 - x - \frac{y}{2})$$

$$= \iint_S [-x^2\vec{i} + (x + 2xy)\vec{j}] \cdot [\frac{2\vec{i} + \vec{j} + 2\vec{k}}{3}] \frac{dxdy}{|\vec{n} \cdot \vec{k}|}$$

$$= \int\limits_{x=0}^{4} \int\limits_{y=0}^{8-2x} (\frac{-2x^2}{3} + \frac{x+2xy}{3})(\frac{3}{2})dydx$$

$$= \int\limits_{0}^{4} (4x^3 - 25x^2 + 36x)dx = \frac{32}{3}$$

(b)$z = 0$ 平面 （xy 平面的三角形）

(i) 求出 $\vec{n}$ 與 $\vec{n} \cdot \vec{k}$

$\nabla(z) = \vec{k} \Rightarrow \vec{n} = -\vec{k}$ （方向朝外，是 $-z$ 方向），

$\vec{n} \cdot \vec{k} = (-\vec{k}) \cdot \vec{k} = -1$

(ii) 求出 $\nabla \times \vec{v}$

$$\nabla \times \vec{v} = \begin{vmatrix} \vec{i} & \vec{j} & \vec{k} \\ \dfrac{\partial}{\partial x} & \dfrac{\partial}{\partial y} & \dfrac{\partial}{\partial z} \\ xz & -y & -x^2y \end{vmatrix} = -x^2\vec{i} + (x+2xy)\vec{j}$$

(iii) 代入面積公式

$$\iint\limits_{S} (\nabla \times \vec{v}) \cdot \vec{n}dS = \iint\limits_{R} [-x^2\vec{i} + (x+2xy)\vec{j}] \cdot [-\vec{k}]\frac{dxdy}{1}$$

$$= \iint\limits_{R} 0dxdy = 0$$

(c)$x = 0$ 平面 （yz 平面的三角形） （因它已是 $x = 0$ 平面了，直接積分）

$\nabla(x) = \vec{i} \Rightarrow \vec{n} = -\vec{i}$ （方向朝外，是 $-x$ 方向）

$$\nabla \times \vec{v} = \begin{vmatrix} \vec{i} & \vec{j} & \vec{k} \\ \dfrac{\partial}{\partial x} & \dfrac{\partial}{\partial y} & \dfrac{\partial}{\partial z} \\ xz & -y & -x^2y \end{vmatrix} = -x^2\vec{i} + (x+2xy)\vec{j}$$

$$\iint\limits_{S} (\nabla \times \vec{v}) \cdot \vec{n}dS = \iint\limits_{S} [-x^2\vec{i} + (x+2xy)\vec{j}] \cdot [-\vec{i}]dS$$

$$= \iint_S x^2 dS = 0 \ (\text{註：} x = 0)$$

$$(a) + (b) + (c) \Rightarrow \iint_S (\nabla \times \vec{v}) \cdot d\vec{S} = \frac{32}{3}$$

(3) 由上可知 (1) = (2)

練習題

一、格林定理

1. 用格林定理的二個方法，求 $\oint_C (3x^2 - 8y^2)dx + (4y - 6xy)dy$，其中 C 為 (1) $y = \sqrt{x}$，$y = x^2$；(2)$x = 0$，$y = 0$，$x + y = 1$ 所圍成的區域

   答 (1)3/2；(2)5/3

2. 求 (1) $\oint_C (3x + 4y)dx + (2x - 3y)dy$，(2) $\oint_C (x^2 + y^2)dx + (3xy^2)dy$，其中 C 在 xy 平面上的一圓，其圓心在原點，半徑為 2，以正向行進

   答 (1)–8π；(2)12π；

3. 求 $\oint_C (3x^2 + 2y)dx - (x + 3\cos y)dy$，其中 C 頂點在 (0, 0)，(2, 0)，(3, 1)，(1, 1) 的平行四邊形，以正向行進

   答 –6

二、高斯定理

4. 求 $\iint_S \vec{u} \cdot \vec{n} dS$，其中 $\vec{u} = 2xy\vec{i} + yz^2\vec{j} + xz\vec{k}$，$S$ 為

   (1)由 $x = 0$，$x = 2$，$y = 0$，$y = 1$，$z = 0$，$z = 3$ 所圍成的平行六面體

   (2)由 $x = 0$，$y = 0$，$y = 3$，$z = 0$，$x + 2z = 6$ 所圍成的區域

答 (1)30；(2)35/2；

5. 求 $\iint_S \vec{r} \cdot \vec{n}\,dS$，其中 S 為

  (1)以 (0, 0, 0) 為球心，半徑為 2 的球體

  (2)由 $x = -1$，$x = 1$，$y = -1$，$y = 1$，$z = -1$，$z = 1$ 所圍成的立方體

答 (1)32π；(2)24；

三、司拖克定理

6. 證明司拖克定理，其中 $\vec{A} = (y - z + 2)\vec{i} + (yz + 4)\vec{j} - xz\vec{k}$，$S$ 是 $x = 0$，$x = 2$，$y = 0$，$y = 2$，$z = 0$，$z = 2$ 所圍成的區域，開口在 xy 平面上

答 -4

7. 證明司拖克定理，其中 $\vec{A} = xz\vec{i} - y\vec{j} + x^2 y\vec{k}$，$S$ 是 $x = 0$，$y = 0$，$z = 0$，$2x + y + 2z = 8$ 所圍成的區域，開口在 xz 平面上

答 32/3

8. 求 $\iint_S (\nabla \times \vec{A}) \cdot \vec{n}\,dS$，其中 $\vec{A} = (x^2 + y - 4)\vec{i} + 3xy\vec{j} + (2xz + z^2)\vec{k}$，$S$ 為

  (1)在 xy 平面上的半球 $x^2 + y^2 + z = 16$ 的曲面

  (2)在 xy 平面上的拋物面 $z = 4 - (x^2 + y^2)$ 的曲面

答 (1)-16π；(2)-4π；

9. 求 $\iint_S (\nabla \times \vec{A}) \cdot \vec{n}\,dS$，其中 $\vec{A} = 2yz\vec{i} - (x + 3y - 2)\vec{j} + (x^2 + z)\vec{k}$，$S$ 為 $x^2 + y^2 = 1$ 和 $x^2 + z^2 = 1$ 在第一卦限相交的曲面

答 $-\dfrac{1}{12}(3\pi + 8)$

第 7 篇

偏微分方程式

數學王子——高斯

　　約翰・卡爾・弗里德里希・高斯（Johann Carl Friedrich Gauss，1777 年 4 月 30 日到 1855 年 2 月 23 日），德國著名數學家、物理學家、天文學家、大地測量學家，是近代數學奠基者之一。高斯被認爲是歷史上最重要的數學家之一，並享有「數學王子」之稱。高斯和阿基米德、牛頓並列爲世界三大數學家。一生成就極爲豐碩，以他名字「高斯」命名的成果達 110 個，屬數學家中之最。他對數論、代數、統計、分析、微分幾何、大地測量學、地球物理學、力學、靜電學、天文學、矩陣理論和光學皆有貢獻。

偏微分方程式簡介

　　如果一個微分方程式中只含一個變數，這個方程式稱為微分方程式；如果出現多個變數，而且方程式中出現未知函數對多個變數的導數，那麼這種微分方程式就是偏微分方程式。

　　在科學技術日新月異的發展過程中，人們研究的許多問題用一個變數的函數來描述已經顯得不夠了，不少問題有多個變數的函數來描述。比如，從物理角度來說，物理量有不同的性質，溫度、密度等是用數值來描述。這些量不僅和時間有關，而且和空間座標也有關，這就要用多個變數的函數來表示。

　　許多物理或是化學的基本定律都可以寫成偏微分方程式的形式。例如考慮光和聲音在空氣中的傳播，以及池塘水面上的波動，這些都可以用同一個二階的偏微分方程式來描述，此方程式即為波動方程式，因此可以將光和聲音視為一種波，和水面上的水波有些類似之處。約瑟夫・傅立葉所發展的熱傳導理論，其方程式是另一個二階偏微分方程式─熱傳導方程式。

第 1 章　偏微分方程式

1.1　簡介

1. 【何謂偏微分方程式】方程式內含有二個或以上的自變數，且在方程式內包含一個或以上的偏導數者，此方程式稱爲偏微分方程式（partial differential equation，縮寫成 PDE）。例如：設 x, y 爲自變數，$u(x, y)$ 爲一 x, y 的函數，則

$$\frac{\partial^2 u}{\partial x^2} - c^2 \frac{\partial u}{\partial y} = 0$$

爲一偏微分方程式。

2. 【偏微分方程式的階數】偏微分方程式的階數（order）是指在此偏微分方程式內，偏導數最高階者。例如：

   (1) $\dfrac{\partial z}{\partial x} + \dfrac{\partial z}{\partial y} = z$，爲一階偏微分方程式（最高偏導數爲一次偏微分）

   (2) $\dfrac{\partial^2 u}{\partial x^2} - c^2 \dfrac{\partial u}{\partial y} = 0$，爲二階偏微分方程式（最高偏導數爲二次偏微分）

3. 【線性方程式】若偏微分方程式內的所有偏導數的指數次方均爲一次方者，此偏微分方程式稱爲線性方程式；否則稱爲非線性方程式。例如：

   (1) $\dfrac{\partial^2 u}{\partial x^2} - \dfrac{\partial^2 u}{\partial y^2} = 0$，爲線性方程式（二項偏導數的次方都是一次方）

(2) $\dfrac{\partial^2 u}{\partial x^2} - c^2 \dfrac{\partial u}{\partial y} = 0$，為線性方程式

(3) $\dfrac{\partial^2 u}{\partial x^2} - \dfrac{\partial^2 u}{\partial y^2} = f(x, y)$，為線性方程式

(4) $\left(\dfrac{\partial u}{\partial x}\right)^2 - \dfrac{\partial^2 u}{\partial y^2} = 0$，為非線性方程式，因 $\left(\dfrac{\partial u}{\partial x}\right)^2$ 為二次方

4. 【齊次方程式】若偏微分方程式內的所有偏導數都是相同階數（order）時，此偏微分方程式稱為齊次方程式；否則稱為非齊次方程式。例如：

(1) $\dfrac{\partial^2 u}{\partial x^2} - \dfrac{\partial^2 u}{\partial y^2} = 0$，為齊次方程式（每一項都是 u 的二階偏導數）

(2) $\dfrac{\partial^2 u}{\partial x^2} - c^2 \dfrac{\partial u}{\partial y} = 0$，為非齊次方程式

5. 【偏微分方程式的解】通常一個偏微分方程式會有很多個解，例如：$u = x^2 - y^2$，$u = \ln(x^2 + y^2)$，$u = e^x \cos y$，$u = \sin x \cosh y$ 都是 $\dfrac{\partial^2 u}{\partial x^2} + \dfrac{\partial^2 u}{\partial y^2} = 0$ 的解，必須加入一些限制條件，才能得到唯一解。

6. 【邊界條件、初始條件】上面的限制條件有：

(1) 邊界條件（boundary condition）：在求解的「區域 R」中，已知其在此區域「邊界的值」；

(2) 初始條件（initial condition）：在求解的「時間 t」中，已知其在「$t = 0$ 之值」。

1.2　偏微分方程式產生方式

7.【**偏微分方程式的產生**】偏微分方程式可以由下面二種方式產生：

(1) 由已知的原函數，經過某些偏微分的運算產生：此種偏微分方程式僅在說明其數學含義，並無實用價值。

(2) 由實際的工程或物理問題所產生：此種偏微分方程式對學工程或物理人員會很容易遇到。

8.【（一）**由已知的原函數產生**】已知一函數，要求其偏微分方程式的方法有二種：

(1) 消去任意數；

(2) 消去任意函數。

9.【(1) **消去任意數**】

(1) 設函數

$$\phi(x, y, z, a, b) = 0 \cdots\cdots (A)$$

為一含有三個變數 x, y, z 的方程式，其中 x, y 為自變數，z 為應變數，a, b 為二任意常數。

(2) 若 $\phi(x, y, z, a, b) = 0$ 分別對 x, y 微分，可得

$$\frac{\partial \phi}{\partial x} + \frac{\partial \phi}{\partial z}\frac{\partial z}{\partial x} = 0 \cdots\cdots (B)$$

$$\frac{\partial \phi}{\partial y} + \frac{\partial \phi}{\partial z}\frac{\partial z}{\partial y} = 0 \cdots\cdots (C)$$

(3) 由 (A)，(B)，(C) 三式消去 a, b，可得到一個一階微分方程式，此一階微分方程式的解為 (A) 式。

例1 一球面方程式 $(x-h)^2+(y-k)^2+z^2=R^2$，其中 h, k 為任意二常數，求其偏微分方程式？

解 分別對 x, y 微分，可得

$$(x-h)+z\frac{\partial z}{\partial x}=0 \cdots\cdots(A)$$

和 $(y-k)+z\frac{\partial z}{\partial y}=0\cdots\cdots(B)$

由球面方程式和 (A)(B) 二式消去 h, k，則為

$(x-h)^2+(y-k)^2+z^2=R^2$

$$\Rightarrow \left(-z\frac{\partial z}{\partial x}\right)^2+\left(-z\frac{\partial z}{\partial y}\right)^2+z^2=R^2$$

$$\Rightarrow \left(\frac{\partial z}{\partial x}\right)^2+\left(\frac{\partial z}{\partial y}\right)^2+1=\left(\frac{R}{z}\right)^2$$

此為二個自變數的一階偏微分方程式，原球面方程式即為其解。

例2 一方程式 $z=x\cos\alpha+y\sin\alpha+\beta$，其中 α, β 為任意二常數，求其偏微分方程式？

解 分別對 x, y 微分，可得

$$\frac{\partial z}{\partial x}=\cos\alpha \cdots\cdots(A)$$

和 $\frac{\partial z}{\partial y}=\sin\alpha\cdots\cdots(B)$

由 (A)(B) 知，$\left(\frac{\partial z}{\partial x}\right)^2+\left(\frac{\partial z}{\partial y}\right)^2=1$

題目的方程式為其解。

10.【(2) 消去任意函數】

(1) 設 $u(x, y, z), v(x, y, z)$ 為 x, y, z 的函數，且 z 為 x, y 的函數，若 u, v 之間存有下列的關係：

$\phi(u, v) = 0 \cdots\cdots$(A)

其中 ϕ 為任意函數。

(2) 函數 $\phi(u, v) = 0$ 分別對 x, y 微分，可得

$$\frac{\partial \phi}{\partial u}(\frac{\partial u}{\partial x} + \frac{\partial u}{\partial z}\frac{\partial z}{\partial x}) + \frac{\partial \phi}{\partial v}(\frac{\partial v}{\partial x} + \frac{\partial v}{\partial z}\frac{\partial z}{\partial x}) = 0 \cdots\cdots\text{(B)}$$

$$\frac{\partial \phi}{\partial u}(\frac{\partial u}{\partial y} + \frac{\partial u}{\partial z}\frac{\partial z}{\partial y}) + \frac{\partial \phi}{\partial v}(\frac{\partial v}{\partial y} + \frac{\partial v}{\partial z}\frac{\partial z}{\partial y}) = 0 \cdots\cdots\text{(C)}$$

(3) 因 $\dfrac{\partial \phi}{\partial u}$ 和 $\dfrac{\partial \phi}{\partial v}$ 要有非 0 的解，所以其係數的行列式要為 0，即

$$\begin{vmatrix} \dfrac{\partial u}{\partial x} + \dfrac{\partial u}{\partial z}\dfrac{\partial z}{\partial x} & \dfrac{\partial v}{\partial x} + \dfrac{\partial v}{\partial z}\dfrac{\partial z}{\partial x} \\ \dfrac{\partial u}{\partial y} + \dfrac{\partial u}{\partial z}\dfrac{\partial z}{\partial y} & \dfrac{\partial v}{\partial y} + \dfrac{\partial v}{\partial z}\dfrac{\partial z}{\partial y} \end{vmatrix} = 0$$

$$\Rightarrow \frac{\partial z}{\partial x}(\frac{\partial u}{\partial y}\frac{\partial v}{\partial z} - \frac{\partial u}{\partial z}\frac{\partial v}{\partial y}) + \frac{\partial z}{\partial y}(\frac{\partial u}{\partial z}\frac{\partial v}{\partial x} - \frac{\partial u}{\partial x}\frac{\partial v}{\partial z})$$

$$= (\frac{\partial u}{\partial x}\frac{\partial v}{\partial y} - \frac{\partial u}{\partial y}\frac{\partial v}{\partial x})$$

或 $P\dfrac{\partial z}{\partial x} + Q\dfrac{\partial z}{\partial y} = R \cdots\cdots$(D)

其中： $P = \begin{vmatrix} \dfrac{\partial u}{\partial z} & \dfrac{\partial u}{\partial y} \\ \dfrac{\partial v}{\partial z} & \dfrac{\partial v}{\partial y} \end{vmatrix}$, $Q = \begin{vmatrix} \dfrac{\partial u}{\partial x} & \dfrac{\partial u}{\partial z} \\ \dfrac{\partial v}{\partial x} & \dfrac{\partial v}{\partial z} \end{vmatrix}$, $R = \begin{vmatrix} \dfrac{\partial u}{\partial x} & \dfrac{\partial u}{\partial y} \\ \dfrac{\partial v}{\partial x} & \dfrac{\partial v}{\partial y} \end{vmatrix}$,

(D) 式為一階偏微分方程式，其解為 (A) 式

例 3 一方程式 $z = F(x - 2y)$，其中 F 是任意可微分函數，求其偏微分方程式？

解 設 $u = x - 2y$

(1) 對 x 微分，$\dfrac{\partial z}{\partial x} = \dfrac{\partial F}{\partial u} \dfrac{\partial u}{\partial x} = \dfrac{\partial F}{\partial u}$……(A)

(2) 對 y 微分，$\dfrac{\partial z}{\partial y} = \dfrac{\partial F}{\partial u} \dfrac{\partial u}{\partial y} = -2 \dfrac{\partial F}{\partial u}$ ……(B)

由 (A)(B) 知，$2\dfrac{\partial z}{\partial x} + \dfrac{\partial z}{\partial y} = 0$（消去 $\dfrac{\partial F}{\partial u}$）

此為二個自變數的一階偏微分方程式，其解為

$z = F(x - 2y)$

例 4 一方程式 $z = f(x - ay) + F(x + ay)$，其中 f 和 F 均為任意可微分函數，求其偏微分方程式？

解 設 $u = x - ay$，$v = x + ay$

(1) 對 x 微分，$\dfrac{\partial z}{\partial x} = \dfrac{\partial f}{\partial u} \dfrac{\partial u}{\partial x} + \dfrac{\partial F}{\partial v} \dfrac{\partial v}{\partial x} = \dfrac{\partial f}{\partial u} + \dfrac{\partial F}{\partial v}$……(A)

(2) 再對 x 微分，$\dfrac{\partial^2 z}{\partial x^2} = \dfrac{\partial^2 f}{\partial u^2} \dfrac{\partial u}{\partial x} + \dfrac{\partial^2 F}{\partial v^2} \dfrac{\partial v}{\partial x} = \dfrac{\partial^2 f}{\partial u^2} + \dfrac{\partial^2 F}{\partial v^2}$

$$……(B)$$

(3) 對 y 微分，$\dfrac{\partial z}{\partial y} = \dfrac{\partial f}{\partial u} \dfrac{\partial u}{\partial y} + \dfrac{\partial F}{\partial v} \dfrac{\partial v}{\partial y} = -a \dfrac{\partial f}{\partial u} + a \dfrac{\partial F}{\partial v}$……(C)

(4) 再對 y 微分，$\dfrac{\partial^2 z}{\partial y^2} = -a \dfrac{\partial^2 f}{\partial u^2} \dfrac{\partial u}{\partial y} + a \dfrac{\partial^2 F}{\partial v^2} \dfrac{\partial v}{\partial y}$

$$= a^2 \dfrac{\partial^2 f}{\partial u^2} + a^2 \dfrac{\partial^2 F}{\partial v^2} \qquad ……(D)$$

由 (B)(D) 知，$\dfrac{\partial^2 z}{\partial x^2} = \dfrac{1}{a^2} \dfrac{\partial^2 z}{\partial y^2}$

此為二階偏微分方程式，其解為 $z = f(x - ay) + F(x + ay)$

練習題

1. 已知下列的函數，消去任意常數，求其偏微分方程式

(1) $z = ax^3 + by^3$

(2) $z = ax^2 + bxy + by^2$

(3) $a \sin x + b \cos y = 2z$

(4) $z = (x + a)(y + b)$

⟨答⟩ (1) $x \dfrac{\partial z}{\partial x} + y \dfrac{\partial z}{\partial y} = 3z$

(2) $x \dfrac{\partial z}{\partial x} + y \dfrac{\partial z}{\partial y} = 2z$

(3) $\tan x \dfrac{\partial z}{\partial x} - \cot y \dfrac{\partial z}{\partial y} = z$

(4) $\dfrac{\partial z}{\partial x} \cdot \dfrac{\partial z}{\partial y} = z$

2. 已知下列的函數，消去任意函數，求其偏微分方程式

(1) $z = f(x + y)$

(2) $z = F(x + 3y) + G(x - 3y)$

(3) $z = e^{3y} f(x - 2y)$

(4) $z = f(x^2 - y^2)$

⟨答⟩ (1) $\dfrac{\partial z}{\partial x} = \dfrac{\partial z}{\partial y}$

(2) $\dfrac{\partial^2 z}{\partial x^2} = \dfrac{1}{9} \dfrac{\partial^2 z}{\partial y^2}$

(3) $2 \dfrac{\partial z}{\partial x} + \dfrac{\partial z}{\partial y} = 3z$

(4) $y \dfrac{\partial z}{\partial x} + x \dfrac{\partial z}{\partial y} = 0$

1.3　由實際問題所產生的偏微分方程式

11.【**偏微分方程式的自變數**】偏微分方程式在工程和物理
上，其自變數通常會包含時間 (t) 和位置（x 或 x, y 或 $x,$
y, z 坐標），因變數則由這些自變數所組成的函數，如：
$u(x, t)$ 或 $u(x, y, t)$ 或 $u(x, y, z, t)$ 等。

12.【**常見的偏微分方程式的類型**】在工程和物理上，常見的
偏微分方程式類型有下列三種：

(1) 一維波動方程式（one dimensional wave equation）；

(2) 一維熱傳方程式（one dimensional heat-flow equation）；

(3) 二維拉普拉斯方程式（Laplace's equation）。

13.【**(1) 一維波動方程式**】其中一種一維波動方程式的形成為：

(1) 一質地均勻的彈性繩索（長度可伸索），其每單位長
的質量為 ρ，若將此繩索以固定的張力 T 沿 x 軸拉長
到 L 單位，再將其二端 $x = 0$ 和 $x = L$ 固定在一水平線
上（見下圖）。

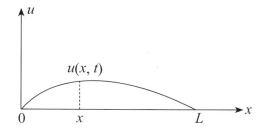

(2) 在時間 $t = 0$ 時，將繩索往上方拉，再釋放開來，此繩
索會在固定的垂直平面上，做上下振動。

(3) 在時間 $t > 0$ 時，其在任意點 x 和任意時間 t 的上下偏移位置函數為 $u(x, t)$，則此函數會滿足：

$$\frac{\partial^2 u}{\partial t^2} = c^2 \frac{\partial^2 u}{\partial x^2}，其中 c^2 = \frac{T}{\rho}$$

此稱為一維波動方程式，它是二階齊次偏微分方程式。

(4) 因為繩索的二端 $x = 0$ 和 $x = L$ 被固定住，此二點任何時間的上下偏移位置均為 0，所以其「邊界值條件」為：
$u(0, t) = 0$，$u(L, t) = 0$

(5) 若繩索的初始 $(t = 0)$ 偏移位移和速度分別為 $f(x)$ 和 $g(x)$，則其「初始條件」為：
$u(x, 0) = f(x)$，$\frac{\partial u(x, t)}{\partial t}\big|_{t=0} = g(x)$，其中 $0 \leq x \leq L$

14.【(2) 一維熱傳方程式】其中一種一維熱傳方程式的形成為：

(1) 一長條形材料均勻、橫切面積不變的金屬細桿（長度不可伸縮），位於 x 軸上（見下圖）。

(2) 若桿子的周邊均覆蓋絕緣材料，使其熱量只能沿 x 軸方向流動，此時桿子內的溫度分佈只和位置 x、時間 t 有關，其可用 $u(x, t)$ 表示。

(3) 此溫度函數 $u(x, t)$ 滿足下列的方程式：

$$\frac{\partial u}{\partial t} = c^2 \frac{\partial^2 u}{\partial x^2}$$

　　此方程式稱爲一維熱傳方程式。

(4) 假設此桿的二端 $x = 0$ 和 $x = L$ 在任何時間的溫度均維持在 0 度，則其「邊界條件」爲：

$$u(0, t) = 0 \text{，} u(L, t) = 0$$

(5) 若此桿子的初始 $(t = 0)$ 溫度爲 $f(x)$，則其「初始條件」爲：

$$u(x, 0) = f(x)$$

15.【(3) 二維拉普拉斯方程式】其中一種二維拉普拉斯方程式的形成爲：

(1) 有一長方形金屬薄板，長爲 a、寬爲 b，其溫度分布如下（見下圖）：

(a) 長方形金屬板內部的溫度爲 $u(x, y)$，其中 x, y 是離原點的位置，且 $0 \leq x \leq a$、$0 \leq y \leq b$

(b) 上邊的溫度爲 $u(x, b) = f(x)$

(c) 其餘三邊的溫度爲 $u = 0$

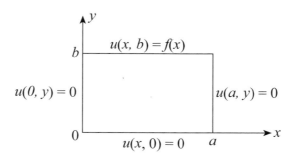

(2) 只考慮其在穩態的狀況下（也就是與時間無關），其偏微分方程式爲：

$$\frac{\partial^2 u}{\partial x^2} + \frac{\partial^2 u}{\partial y^2} = 0$$

此方程式稱為二維拉普拉斯方程式

(3) 其邊界條件為：

(a) $u(0, y) = 0$；$(0 < y < b)$

(b) $u(a, y) = 0$；

(c) $u(x, 0) = 0$

(d) $u(x, b) = f(x)$；$(0 < x < a)$

註：在實際應用上，其邊界條件 $f(x)$ 可能在 $u(0, y) = f(x)$，$u(a, y) = f(x)$ 或 $u(x, 0) = f(x)$ 上。

1.4　變數分離法

16.【**變數分離法**】變數分離法又稱爲乘積解法，是解偏微分方程式最常見的方法。

17.【**變數分離法做法**】用變數分離法解 $\dfrac{\partial^m u}{\partial t^m} = c^2 \dfrac{\partial^n u}{\partial x^n}$ 的做法如下：

(1) 將每一個自變數設一個單獨的函數，再將所有的單獨函數相乘起來，作爲此偏微分方程式的解：

　　例如：$u(x, t)$ 假設爲：$u(x, t) = F(x)G(t)$，

　　　　　或 $u(x, y, z)$ 則假設爲：$u(x, y, z) = X(x)Y(y)Z(z)$

(2) 將 (1) 的假設代入原偏微分方程式內：

　　例如：設 $G^{(m)} = \dfrac{d^m G(t)}{dt^m}$，$F^{(n)} = \dfrac{d^n F(x)}{dx^n}$，

　　則 (1) 的假設代入方程式

$$\frac{\partial^m u}{\partial t^m} = c^2 \frac{\partial^n u}{\partial x^n}$$

　　後，會得到：

$\dfrac{G^{(m)}}{c^2 G} = \dfrac{F^{(n)}}{F} = k$ 的結果（其中 k 爲常數）（因左邊是 t 的函數，右邊是 x 的函數，二者要相等的條件是同時等於一個常數 k）

(3) 決定第 (2) 項的 k 值是大於 0，等於 0 或小於 0；（需要利用步驟 (4) 來解）

(4) 找出滿足「邊界條件」的所有解；

(5) 將 (4) 找出來的解，再找出滿足「初始條件」的解；

(6) 若得到的結果爲 $\sin \lambda L = 0$，則其解

$$\lambda_n = \frac{n\pi}{L}, n = 1, 2, 3, \cdots\cdots,$$

此可以表示成傅立葉級數的形式。

18.【複習傅立葉級數】若 $f(x)$ 是週期 2π 的奇函數，則其傅立葉級數爲

$$f(x) = \sum_{n=1}^{\infty} b_n \sin(n \cdot \frac{\pi}{L} x)$$

其中 $b_n = \frac{2}{L} \int_0^L f(x) \sin(\frac{n\pi}{L} x) dx$

19.【變數分離法應用】往後的內容將利用變數分離法，來解出下列的偏微分方程式：

(1)一維波動方程式， $\dfrac{\partial^2 u}{\partial t^2} = c^2 \dfrac{\partial^2 u}{\partial x^2}$

(2)一維熱傳方程式（或稱爲擴散方程式）， $\dfrac{\partial u}{\partial t} = c^2 \dfrac{\partial^2 u}{\partial x^2}$

(3)二維拉普拉斯方程式， $\dfrac{\partial^2 u}{\partial x^2} + \dfrac{\partial^2 u}{\partial y^2} = 0$

例 5　以變數分離法求解下列的偏微分方程式

(1) $xu_x + u_y = 0$

(2) $u_x + 2u_y = u$ ， $u(0, y) = 2e^y$

做法　(a) 假設 $u(x, y) = F(x)G(y)$ ，

而 $\dfrac{dF(x)}{dx} = F'(x)$ 、 $\dfrac{dG(y)}{dy} = \dot{G}(y)$ ，

代入原偏微分方程式，求出 $F(x)$ 和 $G(y)$

(b) 若題目有給初值，表示要代入 $u(x, y)$ ，求出 c

解　(1) 假設 $u(x, y) = F(x)G(y)$

$\Rightarrow u_x(x, y) = F'(x)G(y)$ 、 $u_y(x, y) = F(x)\dot{G}(y)$

（代入原偏微分方程式）

$$xu_x + u_y = 0 \Rightarrow xF'(x)G(y) + F(x)\dot{G}(y) = 0$$

$$(\text{除以}\, F(x)G(y)) \Rightarrow \frac{xF'(x)}{F(x)} = \frac{-\dot{G}(y)}{G(y)} = k$$

$$\Rightarrow xF'(x) - kF(x) = 0 \,\text{,}\, \dot{G}(y) + kG(y) = 0$$

(a) $xF'(x) - kF(x) = 0 \cdots\cdots$(A)　（此為 Euler-Cauchy

微分方程式）

令 $F(x) = x^m$

$$(A) \Rightarrow m - k = 0 \Rightarrow m = k \Rightarrow F(x) = c_1 x^k$$

(b) $\dot{G}(y) + kG(y) = 0 \cdots\cdots$(B)（此為常係數微分方程式）

令 $G(y) = e^{\lambda y}$

$$(B) \Rightarrow \lambda + k = 0 \Rightarrow \lambda = -k \Rightarrow G(y) = c_2 e^{-ky}$$

(a)(b) 代入原式

$$\Rightarrow u(x, y) = F(x)G(y) = c_1 x^k \cdot c_2 e^{-ky} = cx^k e^{-ky}$$

(2) 假設 $u(x, y) = F(x)G(y)$

$$\Rightarrow u_x(x, y) = F'(x)G(y) \text{、} u_y(x, y) = F(x)\dot{G}(y)$$

（代入原偏微分方程式）

$$u_x + 2u_y = u \Rightarrow F'(x)G(y) + 2F(x)\dot{G}(y) = F(x)G(y)$$

$$\Rightarrow 2F(x)\dot{G}(y) = G(y)[F(x) - F'(x)]$$

$$(\text{除以}\, [F(x) - F'(x)]\dot{G}(y)) \Rightarrow \frac{2F(x)}{F(x) - F'(x)} = \frac{G(y)}{\dot{G}(y)} = k$$

$$\Rightarrow kF'(x) + (2 - k)F(x) = 0 \,\text{,}\, k\dot{G}(y) - G(y) = 0$$

(a) $kF'(x) + (2 - k)F(x) = 0 \cdots\cdots$(A)

（此為常係數微分方程式）

令 $F(x) = e^{\lambda x}$

$(A) \Rightarrow k\lambda + (2-k) = 0 \Rightarrow \lambda = \dfrac{k-2}{k} \Rightarrow F(x) = c_1 e^{(k-2)x/k}$

$(b)\, k\dot{G}(y) - G(y) = 0 \cdots\cdots (B)$（此為常係數微分方程式）

令 $G(y) = e^{\lambda y}$

$(B) \Rightarrow k\lambda - 1 = 0 \Rightarrow \lambda = 1/k \Rightarrow G(y) = c_2 e^{y/k}$

(a)(b) 代入原式

$\Rightarrow u(x,y) = F(x)G(y) = c_1 e^{(k-2)x/k}\, c_2 e^{y/k} = c e^{(k-2)x/k} \cdot e^{y/k}$

初值 $\Rightarrow u(0,y) = 2e^y = c e^{(k-2)\cdot 0/k} e^{y/k} = c e^{y/k} \Rightarrow c = 2, k = 1$

所以 $u(x,y) = F(x)G(y) = 2e^{-x}\, e^y$

20.【一維波動方程式解法】一維波動方程式，$\dfrac{\partial^2 u}{\partial t^2} = c^2 \dfrac{\partial^2 u}{\partial x^2}$

■邊界條件：$u(0,t) = 0$，$u(L,t) = 0$

■初始條件：$u(x,0) = f(x)$，$\dfrac{\partial u(x,t)}{\partial t}\Big|_{t=0} = g(x)$

■其結果為：$u(x,t) = \displaystyle\sum_{n=1}^{\infty} u_n(x,t)$

$$= \sum_{n=1}^{\infty}\left(C_n \cos(\dfrac{cn\pi}{L}t) + D_n \sin(\dfrac{cn\pi}{L}t) \right)\sin(\dfrac{n\pi}{L}x)$$

其中：$C_n = \dfrac{2}{L}\displaystyle\int_0^L f(x)\sin(\dfrac{n\pi}{L}x)dx$，$n = 1, 2, 3, \cdots\cdots$

$$D_n = \dfrac{2}{cn\pi}\int_0^L g(x)\sin(\dfrac{n\pi}{L}x)dx，n = 1, 2, 3, \cdots\cdots$$

■證明請參閱例 6

21.【初始速度為 0 的情況】若初始速度 $g(x) = 0$，則 $D_n = 0$，
一維波動方程式變成：

$$u(x,t) = \sum_{n=1}^{\infty} u_n(x,t) = \sum_{n=1}^{\infty}\left(C_n \cos(\dfrac{cn\pi}{L}t) \right)\sin(\dfrac{n\pi}{L}x)$$

例 6 求波動方程式，$\dfrac{\partial^2 u}{\partial t^2} = c^2 \dfrac{\partial^2 u}{\partial x^2}$ 的解，其中：

邊界條件：$u(0, t) = 0$，$u(L, t) = 0$

初始條件：$u(x,0) = f(x)$，$\dfrac{\partial u(x,t)}{\partial t}\big|_{t=0} = g(x)$

解 (1) 將每一個自變數設一個單獨的函數：

假設解為：$u(x, t) = F(x)G(t)$，

其中 $F(x)$ 只含自變數 x，$G(t)$ 只含自變數 t

(2) 將 (1) 的結果代入原偏微分方程式內

$\dfrac{\partial^2 u}{\partial t^2} = F\ddot{G}$，$\dfrac{\partial^2 u}{\partial x^2} = F''G$，

其中 $\ddot{G} = \dfrac{d^2 G(t)}{dt^2}$，$F'' = \dfrac{d^2 F(x)}{dx^2}$

所以 $\dfrac{\partial^2 u}{\partial t^2} = c^2 \dfrac{\partial^2 u}{\partial x^2}$

$\Rightarrow F\ddot{G} = c^2 F''G$（同除以 $c^2 F(x)G(t)$）

$\Rightarrow \dfrac{\ddot{G}}{c^2 G} = \dfrac{F''}{F}$（因等號左邊是 t 的函數，等號右邊是 x 的函數，二者要相等的條件是同時等於一個常數 k）

$\Rightarrow \dfrac{\ddot{G}}{c^2 G} = \dfrac{F''}{F} = k$

$\Rightarrow F'' - kF = 0$ ············(m)

且 $\ddot{G} - c^2 kG = 0$ ············(n)

(m)(n) 二式為常係數微分方程式，其解與常數 k 值的正負號有關

(3) 決定常數 k 的正負號：

(I) 若 $k > 0$，設 $k = \lambda^2$，(m)(n) 二式變成：

$$F'' - \lambda^2 F = 0 \text{ 和 } \ddot{G} - c^2 \lambda^2 G = 0$$

(A) 其解分別為

$$F(x) = Ae^{\lambda x} + Be^{-\lambda x} \text{ 和}$$

$$G(t) = Ce^{c\lambda t} + De^{-c\lambda t}$$

$$u(x,t) = F(x)G(t)$$

$$= (Ae^{\lambda x} + Be^{-\lambda x})(Ce^{c\lambda t} + De^{-c\lambda t})$$

其中 A, B, C, D 均為常數

(B) 邊界條件：$u(0, t) = 0$，$u(L, t) = 0$ 代入 $u(x, t)$

(a) $u(0,t) = 0 \Rightarrow A + B = 0$

(b) $u(L,t) = 0 \Rightarrow Ae^{\lambda L} + Be^{-\lambda L} = 0$

由 (a)(b) 得，$A = 0$，$B = 0$（不合理，$u(x, t)$ 不能為 0）

(II) 若 $k = 0$，則 (m)(n) 二式變成：

$$F'' = 0 \text{ 和 } \ddot{G} = 0$$

(A) 其解分別為

$$F(x) = Ax + B \text{ 和}$$

$$G(t) = Ct + D$$

$$u(x,t) = F(x)G(t)$$

$$= (Ax + B)(Ct + D)$$

其中 A, B, C, D 均為常數

(B) 邊界條件：$u(0, t) = 0$，$u(L, t) = 0$ 代入 $u(x, t)$

(a) $u(0,t) = 0 \Rightarrow B(Ct + D) = 0 \Rightarrow B = 0$

(b) $u(L,t) = 0 \Rightarrow AL(Ct + D) = 0 \Rightarrow A = 0$

由 (a)(b) 得，$A = 0, B = 0$（不合理，$u(x, t)$ 不能為 0）

(III) 設 $k = -\lambda^2 < 0$，(m)(n) 二式變成：

$$F'' + \lambda^2 F = 0 \text{ 和 } \ddot{G} + c^2\lambda^2 G = 0$$

其解分別為

$$F(x) = A\cos\lambda x + B\sin\lambda x \text{ 和}$$

$$G(t) = C\cos(c\lambda t) + D\sin(c\lambda t)$$

$$u(x,t) = F(x)G(t)$$

$$= (A\cos\lambda x + B\sin\lambda x)(C\cos c\lambda t + D\sin c\lambda t)$$

其中 A, B, C, D 均為常數

(4) 找出滿足邊界條件的所有解

(a) $u(0,t) = 0 \Rightarrow (A+0)(C\cos c\lambda t + D\sin c\lambda t) = 0$

$$\Rightarrow A = 0$$

(b) $u(L,t) = 0 \Rightarrow (B\sin\lambda L)(C\cos c\lambda t + D\sin c\lambda t) = 0$

它要為 0，必須：

(i) $B = 0$（不合理，因 A 已為 0，B 再為 0，則
$u(x, t) = 0$）

或 (ii) $\sin\lambda L = 0 \Rightarrow \lambda_n = \dfrac{n\pi}{L}$, $n = 1, 2, 3, \cdots\cdots$

所以對應每一個 n，可以得到 $\dfrac{\partial^2 u}{\partial t^2} = c^2 \dfrac{\partial^2 u}{\partial x^2}$ 在其邊界
條件下的通解為：

$$u_n(x,t) = (C_n\cos c\lambda_n t + D_n\sin c\lambda_n t)\sin(\lambda_n x) \quad (B \text{ 併到 } C_n\text{、}$$
$$D_n \text{ 內})$$

$$\Rightarrow u(x,t) = \sum_{n=1}^{\infty} u_n(x,t) = \sum_{n=1}^{\infty}(C_n\cos c\lambda_n t + D_n\sin c\lambda_n t)\sin(\lambda_n x)$$

(5) 將 (4) 的解再找出滿足初始條件的解：

初始條件：$u(x, 0) = f(x)$，$\dfrac{\partial u(x,t)}{\partial t}\Big|_{t=0} = g(x)$

(a) $u(x,0) = f(x)$

$$\Rightarrow u(x,0) = \sum_{n=1}^{\infty} [C_n \cos(c\lambda_n \cdot 0) + D_n \sin(c\lambda_n \cdot 0)] \sin(\lambda_n x)$$

$$= \sum_{n=1}^{\infty} C_n \sin(\lambda_n x) = f(x) \cdots\cdots (m)$$

(b) $\dfrac{\partial u(x,t)}{\partial t}\Big|_{t=0} = \sum_{n=1}^{\infty} (-c\lambda_n C_n \sin c\lambda_n t + c\lambda_n D_n \cos c\lambda_n t) \sin(\lambda_n x)\Big|_{t=0}$

$$= \sum_{n=1}^{\infty} c\lambda_n D_n \sin(\lambda_n x) = g(x) \cdots\cdots (n)$$

由 (m)(n) 式知，可將 C_n 和 D_n 視為是 $f(x)$ 和 $g(x)$ 的傅立葉級數奇函數展開式的 b_n 係數，所以 C_n 和 D_n 可寫成（註：因只有 sin 項，可以把它視為週期是 $2L$ 的奇函數展開的結果，其中 (m) 式的傅立葉級數的 $b_n = C_n$，(n) 式的傅立葉級數的 $b_n = c\lambda_n D_n$）

$C_n = \dfrac{2}{L} \displaystyle\int_0^L f(x) \sin(\lambda_n x) dx$，$n = 1, 2, 3, \cdots\cdots$

$D_n = \dfrac{2}{c\lambda_n L} \displaystyle\int_0^L g(x) \sin(\lambda_n x) dx$，$n = 1, 2, 3, \cdots\cdots$

其中：$\lambda_n = \dfrac{n\pi}{L}$，$n = 1, 2, 3, \cdots\cdots$

例 7 求一維波動方程式 $\dfrac{\partial^2 u}{\partial t^2} = c^2 \dfrac{\partial^2 u}{\partial x^2}$ 的解，其中：

(a) 初始速度為 0，

(b) 初始位移為 $f(x) = \begin{cases} \dfrac{2k}{L} x, & 0 < x < \dfrac{L}{2} \\[2mm] \dfrac{2k}{L}(L - x), & \dfrac{L}{2} < x < L \end{cases}$

解 (1) 設 $u(x, t) = F(x)G(t)$，代入原方程式，得

(2) $\dfrac{\ddot{G}}{c^2 G} = \dfrac{F''}{F} = k$

(3) $k > 0$ 和 $k = 0$ 不合理，

令 $k = -\lambda^2$

$\Rightarrow F'' + \lambda^2 F = 0$ 和 $\ddot{G} + c^2\lambda^2 G = 0$

其解分別為

$F(x) = A\cos\lambda x + B\sin\lambda x$ 和

$G(t) = C\cos(c\lambda t) + D\sin(c\lambda t)$

$u(x,t) = F(x)G(t)$

$\qquad = (A\cos\lambda x + B\sin\lambda x)(C\cos c\lambda t + D\sin c\lambda t)$

其中 A, B, C, D 均為常數

(4) 找出滿足邊界條件的所有解

(a) $u(0,t) = 0 \Rightarrow (A + 0)(C\cos c\lambda t + D\sin c\lambda t) = 0$

$\qquad\qquad\qquad \Rightarrow A = 0$

(b) $u(L,t) = 0 \Rightarrow (B\sin\lambda L)(C\cos c\lambda t + D\sin c\lambda t) = 0$

$\sin\lambda L = 0 \Rightarrow \lambda_n = \dfrac{n\pi}{L}, n = 1, 2, 3, \cdots$

(c) $u_n(x,t) = (C_n\cos c\lambda_n t + D_n\sin c\lambda_n t)\sin(\lambda_n x)$

$\qquad \Rightarrow u(x,t) = \sum\limits_{n=1}^{\infty} u_n(x,t)$

$\qquad\qquad = \sum\limits_{n=1}^{\infty}(C_n\cos c\lambda_n t + D_n\sin c\lambda_n t)\sin(\lambda_n x)$

(5) 將 (4) 的解再找出滿足初始條件的解：

初始條件：$u(x, 0) = f(x)$，$\dfrac{\partial u(x,t)}{\partial t}\Big|_{t=0} = g(x)$

(a) 初始速度 $g(x) = 0$，則 $D_n = 0$（由例 5 得知）

(b) $u(x, 0) = f(x)$

$\qquad \Rightarrow u(x,0) = \sum\limits_{n=1}^{\infty}[C_n\cos(c\lambda_n \cdot 0)]\sin(\lambda_n x)$

$$= \sum_{n=1}^{\infty} C_n \sin(\lambda_n x) = f(x)$$

$$\Rightarrow C_n = \frac{2}{L} \int_0^L f(x) \sin(\lambda_n x) dx \,, \, n = 1, 2, 3, \cdots \cdots \text{ (傅}$$

立葉級數的 b_n 係數)

(c) $u(x,t) = \sum_{n=1}^{\infty} u_n(x,t) = \sum_{n=1}^{\infty} (C_n \cos c\lambda_n t) \sin(\lambda_n x)$

其中：$\lambda_n = \dfrac{n\pi}{L}$, $n = 1, 2, 3, \cdots \cdots$

(6) 代入 $f(x)$ 數值

(a) $C_n = \dfrac{2}{L} \int_0^L f(x) \sin(\dfrac{n\pi}{L} x) dx$

$$= \frac{2}{L} [\int_0^{\frac{L}{2}} \frac{2k}{L} x \sin(\frac{n\pi}{L} x) dx + \int_{\frac{L}{2}}^{L} \frac{2k}{L} (L-x) \sin(\frac{n\pi}{L} x) dx]$$

$$= \frac{8k}{n^2 \pi^2} \sin(\frac{n\pi}{2})$$

(b) $u(x,t) = \sum_{n=1}^{\infty} u_n(x,t)$

$$= \sum_{n=1}^{\infty} \left(C_n \cos(\frac{cn\pi}{L} t) \right) \sin(\frac{n\pi}{L} x)$$

$$= \sum_{n=1}^{\infty} \left(\frac{8k}{n^2 \pi^2} \sin(\frac{n\pi}{2}) \cos(\frac{cn\pi}{L} t) \right) \sin(\frac{n\pi}{L} x)$$

$$= \frac{8k}{\pi^2} \left(\frac{1}{1^2} \sin(\frac{\pi}{L} x) \cos(\frac{\pi c}{L} t) \right.$$

$$\left. - \frac{1}{3^2} \sin(\frac{3\pi}{L} x) \cos(\frac{3\pi c}{L} t) + \cdots \cdots \right)$$

例 8 求一維波動方程式 $\dfrac{\partial^2 u}{\partial t^2} = c^2 \dfrac{\partial^2 u}{\partial x^2}$ 的解，其中：

(a) 初始速度為 0，

(b) 初始位移為 $u(x,0) = \sin\dfrac{\pi x}{L}$

[解] 因初始速度 $g(x) = 0$，一維波動方程式變成（直接代公式）

$$u(x,t) = \sum_{n=1}^{\infty} u_n(x,t) = \sum_{n=1}^{\infty} \left(C_n \cos(\frac{cn\pi}{L}t) \right) \sin(\frac{n\pi}{L}x)$$

(a) 初始位移 $f(x) = u(x,0) = \sin\dfrac{\pi x}{L}$

$$C_n = \frac{2}{L}\int_0^L f(x)\sin(\frac{n\pi}{L}x)dx$$

$$= \frac{2}{L}\int_0^L \sin(\frac{\pi x}{L})\sin(\frac{n\pi}{L}x)dx$$

$$= \frac{1}{L}\int_0^L \cos[(n-1)\frac{\pi x}{L}] - \cos[(n+1)\frac{\pi x}{L}]dx$$

$$= [\frac{1}{(n-1)\pi}\sin(n-1)\frac{\pi x}{L} - \frac{1}{(n+1)\pi}\sin(n+1)\frac{\pi x}{L}]_0^L \ (n \neq 1)$$

$$= 0 \ （註：\sin(k\pi) = 0）$$

$$C_1 = \frac{2}{L}\int_0^L f(x)\sin(\frac{\pi}{L}x)dx$$

$$= \frac{2}{L}\int_0^L \sin(\frac{\pi x}{L})\sin(\frac{\pi x}{L})dx \ \ (2\sin^2\theta = 1 - \cos2\theta)$$

$$= \frac{1}{L}\int_0^L [1 - \cos(\frac{2\pi x}{L})]dx = 1$$

(b) $u(x,t) = \sum_{n=1}^{\infty} u_n(x,t)$

$$= \sum_{n=1}^{\infty} \left(C_n \cos(\frac{cn\pi}{L}t) \right) \sin(\frac{n\pi}{L}x)$$

$$= C_1 \cos(\frac{c\pi}{L}t)\sin(\frac{\pi}{L}x)$$

$$= \cos(\frac{c\pi}{L}t)\sin(\frac{\pi}{L}x)$$

22.【一維熱傳方程式解法】一維熱傳方程式，$\dfrac{\partial u}{\partial t} = c^2 \dfrac{\partial^2 u}{\partial x^2}$

■邊界條件：$u(0, t) = 0$，$u(L, t) = 0$

■初始條件：$u(x, 0) = f(x)$

■結果：$u(x, t) = \sum\limits_{n=1}^{\infty} u_n(x, t)$

$$= \sum\limits_{n=1}^{\infty} D_n \sin(\frac{n\pi}{L}x) e^{-\rho_n^2 t}$$

其中：$\rho_n = \dfrac{n\pi c}{L}$

$$D_n = \frac{2}{L} \int_0^L f(x) \sin(\frac{n\pi}{L}x) dx$$

■證明請參閱例 9

例 9 求一維熱傳方程式，$\dfrac{\partial u}{\partial t} = c^2 \dfrac{\partial^2 u}{\partial x^2}$ 的解

邊界條件：$u(0, t) = 0$，$u(L, t) = 0$

初始條件：$u(x, 0) = f(x)$

解 (1) 將每一個自變數設一個單獨的函數：

假設解為：$u(x, t) = F(x)G(t)$，

其中 $F(x)$ 只含自變數 x，$G(t)$ 只含自變數 t

(2) 將 (1) 的結果代入原偏微分方程式內

$$\frac{\partial u}{\partial t} = F\dot{G}，\frac{\partial^2 u}{\partial x^2} = F''G，其中 \dot{G} = \frac{dG(t)}{dt}，F'' = \frac{d^2 F(x)}{dx^2}$$

所以 $\dfrac{\partial u}{\partial t} = c^2 \dfrac{\partial^2 u}{\partial x^2}$

$$\Rightarrow F\dot{G} = c^2 F''G \ (\text{同除以} c^2 F(x)G(t))$$

$$\Rightarrow \frac{\dot{G}}{c^2 G} = \frac{F''}{F} = k$$

$$\Rightarrow \dot{G} - c^2 kG = 0 \cdots\cdots\cdots\cdots\text{(m)}$$

$$\text{且 } F'' - kF = 0 \cdots\cdots\cdots\cdots\text{(n)}$$

(m)(n) 二式為常係數微分方程式，其解與 k 值有關

(3) (I) 若 $k > 0$，設 $k = \lambda^2$，(m)(n) 二式變成：

$$F'' - \lambda^2 F = 0 \text{ 和 } \dot{G} - c^2 \lambda^2 G = 0$$

■其解分別為

$$F(x) = Ae^{\lambda x} + Be^{-\lambda x} \text{ 和}$$

$$G(t) = Ce^{c^2 \lambda^2 t}$$

$$u(x,t) = F(x)G(t)$$

$$= (Ae^{\lambda x} + Be^{-\lambda x})(Ce^{c^2 \lambda^2 t})$$

其中 A, B, C 均為常數

■邊界條件：$u(0,t) = 0$，$u(L,t) = 0$ 代入 $u(x, t)$

(a) $u(0,t) = 0 \Rightarrow A + B = 0$

(b) $u(L,t) = 0 \Rightarrow Ae^{\lambda L} + Be^{-\lambda L} = 0$

由 (a)(b) 得，$A = 0$，$B = 0$（不合理，$u(x, t)$ 不能
為 0）

(II) 若 $k = 0$，則 (m)(n) 二式變成：

$$F'' = 0 \text{ 和 } \dot{G} = 0$$

■其解分別為

$$F(x) = Ax + B \text{ 和}$$

$$G(t) = C$$

$$u(x, t) = F(x)G(t)$$

$$= (Ax + B)\,C$$

其中 A, B, C 均為常數

■邊界條件：$u(0,t) = 0$，$u(L,t) = 0$代入 $u(x, t)$

(a)$u(0,t) = 0 \Rightarrow BC = 0 \Rightarrow B = 0$

（若 C 為 0，則 $G(t) = 0$ 不合理）

(b)$u(L,t) = 0 \Rightarrow AL(C) = 0 \Rightarrow A = 0$

由 (a)(b) 得，$A = 0$，$B = 0$（不合理，$u(x,\ t)$

不能為 0）

(III) 設 $k = -\lambda^2 < 0$，(m)(n) 二式變成：

$$\dot{G} + c^2\lambda^2 G = 0 \text{ 和 } F'' + \lambda^2 F = 0$$

■其解分別為

$$F(x) = A\cos\lambda x + B\sin\lambda x \text{ 和}$$

$$G(t) = Ce^{-c^2\lambda^2 t}$$

$$u(x,t) = F(x)G(t)$$

$$= (A\cos\lambda x + B\sin\lambda x)\,Ce^{-c^2\lambda^2 t}$$

其中 A, B, C 均為常數

(4) 找出滿足邊界條件的所有解

(a)$u(0,t) = 0 \Rightarrow (A + 0)\,G(t) = 0$

$$\Rightarrow A = 0 \text{（因 } G(t) \neq 0\text{）}$$

(b)$u(L,t) = 0 \Rightarrow (B\sin\lambda L)\,G(t) = 0$

它要為 0，必須：

(i)$B = 0$

（不合理，因 A 已為 0，B 再為 0，則 $u(x,t) = 0$）

或 (ii) $\sin\lambda L = 0 \Rightarrow \lambda_n = \dfrac{n\pi}{L}$，$n = 1, 2, 3, \cdots$

所以對應每一個 n，可以得到 $\dfrac{\partial u}{\partial t} = c^2 \dfrac{\partial^2 u}{\partial x^2}$ 在其邊界條件下的通值為：

$$u_n(x,t) = (B_n C_n \sin \lambda_n x)\, e^{-c^2 \lambda_n^2 t}$$

令 $\rho_n = c\lambda_n = \dfrac{cn\pi}{L}$，$D_n = B_n C_n$

$$\Rightarrow u(x,t) = \sum_{n=1}^{\infty} u_n(x,t) = \sum_{n=1}^{\infty} (D_n \sin \lambda_n x)\, e^{-\rho_n^2 t}$$

(5) 將 (4) 的解再找出滿足初始條件的解：

初始條件：$u(x, 0) = f(x)$，

$$\Rightarrow u(x,0) = \sum_{n=1}^{\infty} D_n \sin(\lambda_n x) = f(x) \cdots\cdots (p)$$

由 (p) 式知，D_n 是 $f(x)$ 的傳立葉級數的奇函數展開的係數，所以 D_n 可寫成

$$D_n = \frac{2}{L} \int_0^L f(x)\sin(\lambda_n x)dx，n = 1, 2, 3, \cdots\cdots$$

其中：$\lambda_n = \dfrac{n\pi}{L}$, $n = 1, 2, 3, \cdots\cdots$

例 10 若金屬桿的初始溫度分布形況爲：

$$f(x) = \begin{cases} x, & 0 < x < \dfrac{L}{2} \\[2mm] L - x, & \dfrac{L}{2} < x < L \end{cases}$$

求其溫度變化

解 一維熱傳方程式 $\dfrac{\partial u}{\partial t} = c^2 \dfrac{\partial^2 u}{\partial x^2}$

(1) 設 $u(x,t) = F(x)G(t)$，代入原方程式，得

(2) $\dfrac{\dot{G}}{c^2 G} = \dfrac{F''}{F} = k$

$$\Rightarrow \dot{G} - c^2 kG = 0 \cdots\cdots\cdots (m)$$

$$且\ F'' - kF = 0 \cdots\cdots\cdots (n)$$

因 $k > 0$ 或 $k = 0$ 均不合理（如上討論）

設 $k = -\lambda^2 < 0$，(m)(n) 二式變成：

$$\dot{G} + c^2 \lambda^2 G = 0 \ 和 \ F'' + \lambda^2 F = 0$$

其解分別為

$$F(x) = A\cos\lambda x + B\sin\lambda x \ 和 \ G(t) = Ce^{-c^2\lambda^2 t}$$

$$u(x,t) = F(x)G(t) = (A\cos\lambda x + B\sin\lambda x)\, Ce^{-c^2\lambda^2 t}$$

(3) 找出滿足邊界條件的所有解

(a) $u(0,t) = 0 \Rightarrow A = 0$

(b) $u(L,t) = 0 \Rightarrow \sin\lambda L = 0 \Rightarrow \lambda_n = \dfrac{n\pi}{L},\ n = 1, 2, 3,\cdots$

(c) $u_n(x,t) = (B_n C_n \sin\lambda_n x)\, e^{-c^2\lambda_n^2 t}$

令 $\rho_n = c\lambda_n = \dfrac{cn\pi}{L}$，$D_n = B_n C_n$

$$\Rightarrow u(x,t) = \sum_{n=1}^{\infty} u_n(x,t) = \sum_{n=1}^{\infty}(D_n \sin\lambda_n x)\, e^{-\rho_n^2 t}$$

(4) 將 (3) 的解再找出滿足初始條件的解：

初始條件：$u(x,0) = f(x)$，

$$\Rightarrow u(x,0) = \sum_{n=1}^{\infty} D_n \sin(\lambda_n x) = f(x) \cdots\cdots (p)$$

由 (p) 式知，D_n 是 $f(x)$ 的傅立葉級數的奇函數展開

的係數，所以 D_n 可寫成

$$D_n = \frac{2}{L}\int_0^L f(x)\sin(\lambda_n x)dx，n = 1, 2, 3, \cdots\cdots，\lambda_n = \frac{n\pi}{L}$$

(5) 代入 $f(x)$

$$D_n = \frac{2}{L}\int_0^L f(x)\sin(\frac{n\pi}{L}x)dx$$

$$= \frac{2}{L}[\int_0^{\frac{L}{2}} x\sin(\frac{n\pi}{L}x)dx + \int_{\frac{L}{2}}^L (L-x)\sin(\frac{n\pi}{L}x)dx]$$

$$= \frac{4L}{n^2\pi^2}\sin\frac{n\pi}{2}$$

所以 $u(x,t) = \sum\limits_{n=1}^{\infty} u_n(x,t)$

$$= \sum\limits_{n=1}^{\infty} \frac{4L}{n^2\pi^2}\sin\frac{n\pi}{2}\sin(\frac{n\pi}{L}x)e^{-(\frac{n\pi c}{L})^2 t}$$

23.【二維拉普拉斯方程式解法】二維拉普拉斯方程式，

$$\frac{\partial^2 u}{\partial x^2} + \frac{\partial^2 u}{\partial y^2} = 0$$

■ 邊界條件：$u(0,y) = 0$；$u(a,y) = 0$；

$$u(x,0) = 0 ； u(x,b) = f(x)$$

■ 結果：$u(x,y) = \sum\limits_{n=1}^{\infty} u_n(x,y)$

$$= \sum\limits_{n=1}^{\infty} E_n \sin(\frac{n\pi}{a}x)\sinh(\frac{n\pi}{a}y)$$

其中：$E_n = \dfrac{2}{a\cdot\sinh(\dfrac{n\pi}{a}b)}\int_0^a f(x)\sin(\frac{n\pi}{a}x)dx$

■ 證明請參閱例 11

■ 邊界條件不同，如為：$u(0,y) = f(x)$；$u(a,y) = 0$；$u(x, 0) = 0$；$u(x, b) = 0$，其結果也就不同。

例 11　求二維拉普拉斯方程式，$\dfrac{\partial^2 u}{\partial x^2} + \dfrac{\partial^2 u}{\partial y^2} = 0$ 的解 $u(x, y)$

邊界條件：$u(0,y) = 0$；$u(a,y) = 0$；

$$u(x, 0) = 0 ； u(x, b) = f(x)$$

解 (1) 將每一個自變數設一個單獨的函數：

假設解為：$u(x, y) = X(x)Y(y)$，

(2) 將 (1) 的結果代入原偏微分方程式內　　　$\ddot{Y} = \dfrac{d^2 Y(y)}{dy^2}$

$\dfrac{\partial^2 u}{\partial x^2} = X''Y$ ，$\dfrac{\partial^2 u}{\partial y^2} = X\ddot{Y}$ ，其中 $X'' = \dfrac{d^2 X(x)}{dx^2}$ ，

所以 $\dfrac{\partial^2 u}{\partial x^2} + \dfrac{\partial^2 u}{\partial y^2} = 0$

$\Rightarrow \dfrac{X''}{X} = \dfrac{\ddot{Y}}{-Y} = k$

因 $k > 0$ 或 $k = 0$ 均不合理（如上討論），令 $k = -\lambda^2$

$\Rightarrow X'' + \lambda^2 X = 0 \cdots\cdots\cdots\cdots$(m)

且 $\ddot{Y} - \lambda^2 Y = 0 \cdots\cdots\cdots\cdots$(n)

(m)(n) 二式解分別為

$X(x) = A\cos\lambda x + B\sin\lambda x$ 和

$Y(y) = C\cosh(\lambda y) + D\sinh(\lambda y)$

$u(x, y) = X(x)Y(y)$

$= (A\cos\lambda x + B\sin\lambda x)[C\cosh(\lambda y) + D\sinh(\lambda y)]$

其中 A, B, C, D 均為常數

(3) 找出滿足邊界條件的所有解

(a) $u(0, y) = 0 \Rightarrow X(0)Y(y) = 0 \Rightarrow X(0) = 0$ 或 $Y(y) = 0$

(b) $u(a, y) = 0 \Rightarrow X(a)Y(y) = 0 \Rightarrow X(a) = 0$ 或 $Y(y) = 0$

(c) $u(x, 0) = 0 \Rightarrow X(x)Y(0) = 0 \Rightarrow X(x) = 0$ 或 $Y(0) = 0$

因 $X(x) \neq 0$ 且 $Y(y) \neq 0$，否則 $u(x, y)$ 為零函數

所以 $X(0) = 0$ 且 $X(a) = 0$ 且 $Y(0) = 0$

$\Rightarrow A = 0$ 且 $C = 0$ 且 $X(a) = B\sin(\lambda a) = 0$

但 $B \neq 0 \Rightarrow \sin(\lambda a) = 0 \Rightarrow \lambda_n = \dfrac{n\pi}{a}$，$n = 1, 2, 3, \cdots\cdots$

$\Rightarrow u_n(x, y) = X_n(x) Y_n(y)$

$\qquad\qquad = (B_n \sin \lambda_n x)[D_n \sinh(\lambda_n y)]$

令 $E_n = B_n D_n$

$\Rightarrow u_n(x, y) = E_n \sin \lambda_n x \sinh(\lambda_n y)$

$\Rightarrow u(x, y) = \displaystyle\sum_{n=1}^{\infty} u_n(x, y) = \sum_{n=1}^{\infty} E_n \sin\lambda_n x \cdot \sinh(\lambda_n y)$

(d) $u(x, b) = f(x) = \displaystyle\sum_{n=1}^{\infty} E_n \sin \lambda_n x \sinh(\lambda_n b)$

其中 $E_n \sinh(\lambda_n b)$ 是 $f(x)$ 的傅立葉級數奇函數展開式的係數，

即 $E_n \sinh(\lambda_n b) = \dfrac{2}{a}\displaystyle\int_0^a f(x) \sin(\lambda_n x)dx$

$\Rightarrow E_n = \dfrac{2}{a \cdot \sinh(\lambda_n b)} \displaystyle\int_0^a f(x) \sin(\lambda_n x)dx$

例 12 一正方形金屬薄板，邊長為 a，穩態時熱流的分佈（不受時間因數的影響）為 $u(x, y)$，其邊界條件為：$u(0, y) = 0°\text{C}$；$u(a, y) = 0°\text{C}$；$u(x, 0) = 0°\text{C}$；$u(x, a) = 100°\text{C}$，設此板二面均以良好的絕緣材質隔離，$u(x, y)$ 僅依 x，y 而變，求此 $u(x, y)$

解 此為二維拉普拉斯方程式，$\dfrac{\partial^2 u}{\partial x^2} + \dfrac{\partial^2 u}{\partial y^2} = 0$

(1) 設 $u(x, y) = X(x)Y(y)$，代入 $\dfrac{\partial^2 u}{\partial x^2} + \dfrac{\partial^2 u}{\partial y^2} = 0$ 內

(2) $\Rightarrow \dfrac{X''}{X} = \dfrac{\ddot{Y}}{-Y} = k$

因 $k > 0$ 或 $k = 0$ 均不合理（如上討論），令 $k = -\lambda^2$

$\Rightarrow X'' + \lambda^2 X = 0 \cdots\cdots\cdots$(m)

且 $\ddot{Y} - \lambda^2 Y = 0 \cdots\cdots\cdots$(n)

(m)(n) 二式解分別為

$X(x) = A\cos\lambda x + B\sin\lambda x$ 和

$Y(y) = C\cosh(\lambda y) + D\sinh(\lambda y)$

$u(x,y) = X(x)Y(y)$

$\qquad = (A\cos\lambda x + B\sin\lambda x)[C\cosh(\lambda y) + D\sinh(\lambda y)]$

(3) 找出滿足邊界條件的所有解

　(a) $u(0,y) = 0 \Rightarrow X(0)Y(y) = 0 \Rightarrow A = 0$；

　(b) $u(x,0) = 0 \Rightarrow X(x)Y(0) = 0 \Rightarrow C = 0$；

　(c) $u(a,y) = 0 \Rightarrow X(a)Y(y) = 0$

　　$\Rightarrow \sin(\lambda a) = 0 \Rightarrow \lambda_n = \dfrac{n\pi}{a}$，$n = 1, 2, 3, \cdots\cdots$

　　$\Rightarrow u_n(x,y) = X_n(x)Y_n(y)$

　　　　$= (B_n\sin\lambda_n x)[D_n\sinh(\lambda_n y)]$

　　令 $E_n = B_n D_n$

　　$\Rightarrow u_n(x,y) = E_n\sin\lambda_n x\,\sinh(\lambda_n y)$

　　$\Rightarrow u(x,y) = \sum_{n=1}^{\infty} u_n(x,y) = \sum_{n=1}^{\infty} E_n\sin\lambda_n x \cdot \sinh(\lambda_n y)$

　(d) $u(x,a) = 100^\circ\text{C} = \sum_{n=1}^{\infty} E_n\sin\lambda_n x\,\sinh(\lambda_n a)$

　　$\Rightarrow E_n\sinh(\lambda_n a) = \dfrac{2}{a}\int_0^a 100^\circ\text{C}\,\sin(\lambda_n x)dx$

　　$\Rightarrow E_n = \dfrac{200^\circ\text{C}}{a\cdot\sinh(\lambda_n a)}\int_0^a \sin(\lambda_n x)dx$

$$= \frac{200^\circ\text{C}}{a \cdot \lambda_n \cdot \text{sin}h(\lambda_n a)}\left(1 - \cos(a\lambda_n)\right)$$

(4) 解為：

$u(x, y)$

$$= \sum_{n=1}^{\infty} u_n(x, y)$$

$$= \sum_{n=1}^{\infty} E_n \sin \lambda_n x \, \text{sinh}(\lambda_n y)$$

$$= \sum_{n=1}^{\infty} \frac{200^\circ\text{C}}{a \cdot \lambda_n \cdot \text{sin}h(\lambda_n a)}\left(1 - \cos(a\lambda_n)\right) \sin \lambda_n x \, \text{sinh}(\lambda_n y)$$

$$= \sum_{n=1}^{\infty} \frac{200^\circ\text{C}}{n\pi \cdot \text{sin}h(n\pi)}\left(1 - \cos(n\pi)\right) \sin \frac{n\pi x}{a} \, \text{sinh} \frac{n\pi y}{a}$$

例 13 同上題，其邊界條件改為：$u(0, y) = 0^\circ\text{C}$；$u(a, y) = 100^\circ\text{C}$；$u(x, 0) = 0^\circ\text{C}$；$u(x, a) = 0^\circ\text{C}$，求此 $u(x, y)$

解 此為二維拉普拉斯方程式，$\dfrac{\partial^2 u}{\partial x^2} + \dfrac{\partial^2 u}{\partial y^2} = 0$

(1) 設 $u(x, y) = X(x)Y(y)$，代入 $\dfrac{\partial^2 u}{\partial x^2} + \dfrac{\partial^2 u}{\partial y^2} = 0$ 內

(2) $\Rightarrow \dfrac{X''}{X} = \dfrac{\ddot{Y}}{-Y} = k$

　(A) 若 $k < 0$，令 $k = -\lambda^2$

　　(I) $\Rightarrow X'' + \lambda^2 X = 0 \cdots\cdots\cdots\cdots$(m)

　　　　且 $\ddot{Y} - \lambda^2 Y = 0 \cdots\cdots\cdots\cdots$(n)

　　　　(m)(n) 二式解分別為

　　　　$X(x) = A\cos \lambda x + B\sin \lambda x$ 和

　　　　$Y(y) = C\cosh(\lambda y) + D\sinh(\lambda y)$

　　　　$\Rightarrow u(x, y) = X(x)Y(y)$

$$= (A\cos\lambda x + B\sin\lambda x)[C\cosh(\lambda y) + D\sinh(\lambda y)]$$

(II) 找出滿足邊界條件的所有解

(a)$u(0, y) = 0 \Rightarrow X(0)Y(y) = 0 \Rightarrow A = 0$

(b)$u(x, 0) = 0 \Rightarrow X(x)Y(0) = 0 \Rightarrow C = 0$

(c)$u(x, a) = 0 \Rightarrow X(x)Y(a) = 0$

$\Rightarrow \sinh(\lambda a) = 0 \Rightarrow \lambda = 0$

$\Rightarrow u(x, y) = X(x)Y(y)$

$= [B\sin(0 \cdot x)][D\sinh(0 \cdot y)] = 0$（不合理）

(B) 若 $k = 0$，則

(I) $X'' = 0 \Rightarrow X = Ax + B$

$\ddot{Y} = 0 \Rightarrow Y = Cy + D$

(II) 找出滿足邊界條件的所有解

(a)$u(0, y) = 0 \Rightarrow X(0)Y(y) = 0 \Rightarrow B = 0$；

(b)$u(x, 0) = 0 \Rightarrow X(x)Y(0) = 0 \Rightarrow D = 0$；

(c)$u(x, a) = 0 \Rightarrow X(x)Y(a) = 0$；

$\Rightarrow C \cdot a = 0 \Rightarrow C = 0 \Rightarrow Y(y) = 0$（不合理）

(C) 若 $k > 0$，令 $k = \lambda^2$

(I) $\Rightarrow X'' - \lambda^2 X = 0 \cdots\cdots\cdots\cdots$(p)

且 $\ddot{Y} + \lambda^2 Y = 0 \cdots\cdots\cdots\cdots$(q)

(p)(q) 二式解分別為

$X(x) = A\cosh(\lambda x) + B\sinh(\lambda x)$和

$Y(y) = C\cos(\lambda y) + D\sin(\lambda y)$

$\Rightarrow u(x, y) = X(x)Y(y)$

$= (A\cosh(\lambda x) + B\sinh(\lambda x))[C\cos(\lambda y) + D\sin(\lambda y)]$

(II) 找出滿足邊界條件的所有解

(a)$u(0, y) = 0 \Rightarrow X(0)Y(y) = 0 \Rightarrow A = 0$；

(b)$u(x,0) = 0 \Rightarrow X(x)Y(0) = 0 \Rightarrow C = 0$；

(c)$u(x,a) = 0 \Rightarrow X(x)Y(a) = 0$

$\Rightarrow B\sinh(\lambda x\,)D\sin(\lambda a) = 0$

$\Rightarrow \sin(\lambda a) = 0 \Rightarrow \lambda_n = \dfrac{n\pi}{a}$，$n = 1, 2, 3, \cdots\cdots$

$\Rightarrow u_n(x, y) = X_n(x)Y_n(y)$

$\qquad = [B_n \sinh(\lambda_n x)]\,[D_n \sin(\lambda_n y)]$

令 $E_n = B_n D_n$

$\Rightarrow u_n(x, y) = E_n \sinh(\lambda_n x) \sin(\lambda_n y)$

$\Rightarrow u(x, y) = \displaystyle\sum_{n=1}^{\infty} u_n(x, y)$

$\qquad = \displaystyle\sum_{n=1}^{\infty} E_n \sin h(\lambda_n x) \sin(\lambda_n y)$

(d)$u(a, y) = 100°\text{C}$

$\Rightarrow \displaystyle\sum_{n=1}^{\infty} E_n \sinh(\lambda_n a) \sin(\lambda_n y) = 100°\text{C}$

$\Rightarrow E_n \sinh(\lambda_n a) = \dfrac{2}{a}\displaystyle\int_0^a 100°\text{C}\,\sin(\lambda_n y)dy$

$\Rightarrow E_n = \dfrac{200°\text{C}}{a \cdot \sinh(\lambda_n a)}\displaystyle\int_0^a \sin(\lambda_n y)dy$

$\qquad = \dfrac{200°\text{C}}{a \cdot \lambda_n \cdot \sinh(\lambda_n a)}\big(1 - \cos(a\lambda_n)\big)$

(4) 解為：

$u(x, y)$

$= \displaystyle\sum_{n=1}^{\infty} u_n(x, y)$

$= \displaystyle\sum_{n=1}^{\infty} E_n \sinh(\lambda_n x) \sin(\lambda_n y)$

$$= \sum_{n=1}^{\infty} \frac{200^{\circ}C}{a \cdot \lambda_n \cdot \sinh(\lambda_n a)} \left(1 - \cos(a\lambda_n)\right) \sinh(\lambda_n x) \sin(\lambda_n y)$$

$$= \sum_{n=1}^{\infty} \frac{200^{\circ}C}{n\pi \cdot \sinh(n\pi)} \left(1 - \cos(n\pi)\right) \sinh\frac{n\pi x}{a} \sin\frac{n\pi y}{a}$$

練習題（用變數分離法解下列題目）

1. $u_x + u_y = 0$，答 $u(x, y) = ce^{\lambda x} \cdot e^{-\lambda y}$，$\lambda \in R$

2. $u_x - yu_y = 0$，答 $u(x, y) = ce^{\lambda x} \cdot y^{\lambda}$，$\lambda \in R$

3. $u_{xy} - u = 0$，答 $u(x, y) = ce^{\lambda x} \cdot e^{\frac{y}{\lambda}}$，$\lambda \in R$，$\lambda \neq 0$

4. $u_{xx} + u_{yy} = 0$

   答 ①若 $\lambda > 0$，則

   $$u(x, y) = (c_1 e^{\sqrt{\lambda}x} + c_2 e^{-\sqrt{\lambda}x})(c_3 \cos\sqrt{\lambda}y + c_4 \sin\sqrt{\lambda}y)$$

   ②若 $\lambda < 0$，則

   $$u(x, y) = (c_1 \cos\sqrt{-\lambda}x + c_2 \sin\sqrt{-\lambda}x)(c_3 e^{\sqrt{-\lambda}y} + c_4 e^{-\sqrt{-\lambda}y})$$

5. $u_x = u_y$，$u(0, y) = e^{2y}$，答 $u(x, y) = e^{2x} \cdot e^{2y}$

6. $u_x + u = u_y$，$u(x, 0) = 4e^{-3x}$，答 $u(x, y) = 4e^{-3x} \cdot e^{-2y}$

7. $4u_x + u_y = u$，$u(0, y) = 2e^{-y}$，答 $u(x, y) = 2e^{\frac{1}{2}x} \cdot e^{-y}$

8. 求震動繩索的位移函數 $u(x, y)$，其長度為 π，二端固定，$c^2 = \dfrac{T}{\rho} = 1$，設初始速度為 0，初始位移為：

   (1)$2\sin x$；

   (2)$2\cos x$；

   答 $u(x, t) = \sum_{n=1}^{\infty} u_n(x, t) = \sum_{n=1}^{\infty} C_n \cos(nt)\sin(nx)$

   (1) $C_1 = 2$，$C_n = \dfrac{2}{\pi}\left[\dfrac{\sin(n-1)\pi}{n-1} - \dfrac{\sin(n+1)\pi}{n+1}\right]$，$n > 1$

   或 $u(x, t) = 2\cos t \sin x$

(2) $C_1 = 0$,

$$C_n = \frac{2}{\pi}\left[\frac{1 - \cos[(n-1)\pi]}{n-1} + \frac{1 - \cos[(n+1)\pi]}{n+1} \right],$$

$n > 1$

9. 一長為 L 的金屬桿，周圍包著良好的絕緣材料，使熱流僅能沿著桿之軸向傳播，桿的二端初始溫度如下，求 $u(x, t)$

$$f(x) = \begin{cases} cx, & 0 < x < L/2 \\ c(L-x), & L/2 < x < L \end{cases}$$

答 $u(x,t) = \sum\limits_{n=1}^{\infty} u_n(x,t) = \sum\limits_{n=1}^{\infty} \frac{4cL}{n^2\pi^2} \sin\frac{n\pi}{2} \sin\left(\frac{n\pi}{L}x\right) e^{-\left(\frac{n\pi c}{L}\right)^2 t}$

1.5 拉氏轉換法

24.【用拉氏轉換法來解偏微分方程式】

(1) 偏微分方程式也可以用拉氏轉換法來解。

(2) 因拉氏轉換是將時間 (t) 域轉換成 s 域,而偏微分方程式的 $u(x, t)$ 有二個自變數(x 和 t),拉氏轉換只處理時間 (t) 的部分。

(3) 拉氏轉換處理 $u(x,\ t)$、$\dfrac{\partial u(x,t)}{\partial t}$、$\dfrac{\partial^2 u(x,t)}{\partial t^2}$、$\dfrac{\partial u(x,t)}{\partial x}$ 和 $\dfrac{\partial^2 u(x,t)}{\partial x^2}$ 的結果為:

(a) $L[u(x,t)] = U(x,s)$(將小寫 u 變成大寫 U,將 t 變成 s)

(b) $L(\dfrac{\partial u(x,t)}{\partial t}) = sL[u(x,t)] - u(x,0) = sU(x,s) - u(x,0)$

(c) $L(\dfrac{\partial^2 u(x,t)}{\partial t^2}) = s^2 L[u(x,t)] - su(x,0) - \dfrac{\partial u(x,t)}{\partial t}\Big|_{t=0}$

$= s^2 U(x,s) - su(x,0) - \dfrac{\partial u(x,t)}{\partial t}\Big|_{t=0}$

(d) $L(\dfrac{\partial u(x,t)}{\partial x}) = \displaystyle\int_0^\infty e^{-st} \dfrac{\partial u}{\partial x} dt$

$= \dfrac{\partial}{\partial x} \displaystyle\int_0^\infty e^{-st} u(x,t) dt$

$= \dfrac{\partial}{\partial x} L[u(x,t)] = \dfrac{\partial}{\partial x} U(x,s)$

(e) $L(\dfrac{\partial^2 u(x,t)}{\partial x^2}) = \displaystyle\int_0^\infty e^{-st} \dfrac{\partial^2 u}{\partial x^2} dt$

$= \dfrac{\partial^2}{\partial x^2} \displaystyle\int_0^\infty e^{-st} u(x,t) dt$

$= \dfrac{\partial^2}{\partial x^2} L[u(x,t)] = \dfrac{\partial^2}{\partial x^2} U(x,s)$

例 14 一半無限長金屬桿的位置 (x) 與時間 (t) 的溫度分布爲 $u(x, t)$，若其

(a) 任何位置的初始溫度爲 0，即 $u(x, 0) = 0$，

(b) 初始溫度的變化亦爲 0，即 $\frac{\partial u(x,t)}{\partial t}|_{(x,0)} = 0$，

(c) 任何時間在無窮遠處的溫度爲 0，即 $u(x \to \infty, t) = 0$，

(d) 一端在時間 t 的溫度爲爲 $f(t)$，即 $u(0, t) = f(t)$，

求任何時間，任何位置的溫度，即求 $u(x, t)$

解 本題爲一維熱傳方程式，$\frac{\partial u}{\partial t} = c^2 \frac{\partial^2 u}{\partial x^2}$ 的解

邊界條件：$u(0, t) = f(t)$，$u(x \to \infty, t) = 0$

初始條件：$u(x, 0) = 0$，$\frac{\partial u(x,t)}{\partial t}|_{(x,0)} = 0$

設 $L[u(x, t)] = U(\mathrm{x}, \mathrm{s})$，則

(1)（二邊取拉氏轉換）$\frac{\partial u}{\partial t} = c^2 \frac{\partial^2 u}{\partial x^2}$

$\Rightarrow sL[u(x,t)] - u(x,0) = c^2 \frac{\partial^2}{\partial x^2} L[u(x,t)]$

(2)（代入初始條件）

$\Rightarrow sU(x,s) = c^2 \frac{\partial^2 U(x,s)}{\partial x^2}$

(3) 因上式爲 U 的常微分方程式，對 x 微分，s, c 視爲常數，其解爲（可視爲 $sy(x) = c^2 y''(x)$ 的微分方程式）

$U(x,s) = c_1 e^{\frac{\sqrt{s}}{c}x} + c_2 e^{\frac{-\sqrt{s}}{c}x}$

(4) 代入邊界條件

因 $u(x \to \infty, t) = 0 \Rightarrow c_1 = 0 \Rightarrow U(x,s) = c_2 e^{\frac{-\sqrt{s}}{c}x}$ ……(A)

又 $u(0, t) = f(t)$，二邊取拉氏

$\Rightarrow U(0,s) = F(s)$（代入 (A) 式）

$\Rightarrow c_2 = F(s) \Rightarrow U(x,s) = F(s)e^{\frac{-\sqrt{s}}{c}x}$

(5)（二邊取反拉式轉換）

$\Rightarrow u(x,t) = L^{-1}[F(s)e^{\frac{-\sqrt{s}}{c}x}]$

例 15　一半無窮長的均勻繩索，開始時與 x 軸完全重合，且處於完全靜止狀態。設 $t = 0$ 時，其左端（在原點處）僅沿 y 軸方向以 $u(0, t) = f(t)$ 的已知函數移動，求繩索在任何時間 (t)，任何位置 (x) 的位移 $u(x, t)$

解　本題為一維波動方程式，$\dfrac{\partial^2 u}{\partial t^2} = c^2 \dfrac{\partial^2 u}{\partial x^2}$

邊界條件：$u(0, t) = f(t)$，$u(x \to \infty, t) = l$（有限位移）

初始條件：$u(x, 0) = 0$，初始速度 $\dfrac{\partial u(x,t)}{\partial t}\big|_{(x,0)} = 0$

設 $L[u(x, t)] = U(\mathrm{x}, \mathrm{s})$，則

(1)（二邊取拉氏轉換）$\dfrac{\partial^2 u}{\partial t^2} = c^2 \dfrac{\partial^2 u}{\partial x^2}$

$\Rightarrow s^2 L[u(x,t)] - su(x,0) - \dfrac{\partial u}{\partial t}\big|_{t=0} = c^2 \dfrac{\partial^2}{\partial x^2} L[u(x,t)]$

(2)（代入初始條件）

$\Rightarrow s^2 L[u(x,t)] = c^2 \dfrac{\partial^2}{\partial x^2} L[u(x,t)]$

$\Rightarrow s^2 U(x,s) = c^2 \dfrac{\partial^2}{\partial x^2} U(x,s)$

$\Rightarrow U''(x,s) - \dfrac{s^2}{c^2} U(x,s) = 0$（為常係數微分方程式）

$\Rightarrow U(x,s) = Ae^{\frac{s}{c}x} + Be^{\frac{-s}{c}x}$

(3)（代入邊界條件）

(a) 因 $u(x \to \infty, t) = l \Rightarrow A = 0$

$\Rightarrow U(x, s) = Be^{\frac{-s}{c}x} \cdots\cdots(m)$

(b) 又 $u(0, t) = f(t)$（二邊取拉式）

$\Rightarrow U(0, s) = F(s)$（代入 (m) 式）

$\Rightarrow B = F(s)$

$\Rightarrow U(x, s) = F(s)e^{\frac{-s}{c}x}$

(4)（二邊取反拉氏轉換）

$\Rightarrow u(x, t) = f(t - \dfrac{x}{c})u(t - \dfrac{x}{c})$（第二移位性質）

練習題（用拉氏轉換法解下列題目）

1. $\dfrac{\partial u}{\partial x} = 2\dfrac{\partial u}{\partial t} + u$，$x > 0$，$t > 0$，$u(x, 0) = 6e^{-3x}$

   答 $u(x, t) = 6e^{-2t - 3x}$

2. $\dfrac{\partial u}{\partial t} = \dfrac{\partial^2 u}{\partial x^2}$，$u(x, 0) = 3\sin 2\pi x$，$u(0, t) = 0$，$u(1, t) = 0$

   $0 < x < 1$，$t > 0$

   答 $u(x, t) = 3e^{-4\pi^2 t} \cdot \sin(2\pi x)$

1.6 其他類型偏微分方程式

25.【其他類型偏微分方程式】在純數學的偏微分方程式中，除了上面所介紹的題型外，還有很多不同類型的偏微分方程式，有：

(1) 一階線性偏微分方程式：

例如：$x\dfrac{\partial z}{\partial x} + 2y\dfrac{\partial z}{\partial y} = 3z$ 或 $y^2\dfrac{\partial z}{\partial x} - x^2z\dfrac{\partial z}{\partial y} = x^2y$

(2) 一階非線性偏微分方程式

例如：$\left(\dfrac{\partial z}{\partial x}\right)^2 + \dfrac{\partial z}{\partial x}\cdot\dfrac{\partial z}{\partial y} = z$ 或 $1 + z^3 = z^4\dfrac{\partial z}{\partial x}\dfrac{\partial z}{\partial y}$

(3) 常係數高階齊次偏微分方程式：

  (a) 線性偏微分方程式內的偏導數的階數（order）均相同，稱爲齊次（homogeneous）偏微分方程式

    例如：$2x\dfrac{\partial^3 z}{\partial x^3} + y^2\dfrac{\partial^3 z}{\partial x^2\partial y} + xy\dfrac{\partial^3 z}{\partial x\partial y^2} + \dfrac{\partial^3 z}{\partial y^3} = 1$

  (b) 齊次偏微分方程式係數爲常數者，稱爲常係數齊次偏微分方程式

    例如：$2\dfrac{\partial^3 z}{\partial x^3} + 5\dfrac{\partial^3 z}{\partial x^2\partial y} + \dfrac{\partial^3 z}{\partial x\partial y^2} + 3\dfrac{\partial^3 z}{\partial y^3} = x + y$

(4) 常係數非齊次偏微分方程式，其方程式內的偏導數的階數有不相同者

例如：$2\dfrac{\partial^3 z}{\partial x^3} + 5\dfrac{\partial^2 z}{\partial x\partial y} + \dfrac{\partial^2 z}{\partial y^2} + 3\dfrac{\partial^3 z}{\partial y^3} = x + y$

(5) 變係數二階偏微分方程式，即

$$P\dfrac{\partial^2 z}{\partial x^2} + Q\dfrac{\partial^2 z}{\partial x\partial y} + R\dfrac{\partial^2 z}{\partial y^2} + S\dfrac{\partial z}{\partial x} + T\dfrac{\partial z}{\partial y} + Uz = F$$

其中：P, Q, R, S, T, U, F 為 x, y 的函數，且 P, Q, R 不全為 0

25.【自行練習】以上題型有興趣的讀者，可自行翻閱其他相關的書籍。

國家圖書館出版品預行編目資料

第一次學工程數學就上手.4,向量分析與偏微
　分方程式／林振義作. -- 二版. -- 臺北
市：五南圖書出版股份有限公司, 2023.05
　面；　公分
　ISBN 978-626-366-018-2(平裝)

1.CST: 工程數學

440.11　　　　　　　　　112005128

5BEC

第一次學工程數學就上手：
向量分析與偏微分方程式

作　　　者 ─ 林振義（130.6）

發 行 人 ─ 楊榮川

總 經 理 ─ 楊士清

總 編 輯 ─ 楊秀麗

副總編輯 ─ 王正華

責任編輯 ─ 張維文

封面設計 ─ 陳亭瑋

出 版 者 ─ 五南圖書出版股份有限公司

地　　　址：106台北市大安區和平東路二段339號4樓

電　　　話：(02)2705-5066　　傳　　真：(02)2706-6100

網　　　址：https://www.wunan.com.tw

電子郵件：wunan@wunan.com.tw

劃撥帳號：01068953

戶　　　名：五南圖書出版股份有限公司

法律顧問　林勝安律師

出版日期　2020年8月初版一刷
　　　　　2023年5月二版一刷

定　　價　新臺幣250元

權所有·欲利用本書內容，必須徵求本公司同意※

五南
WU-NAN

全新官方臉書

五南讀書趣

WUNAN
Books

since1966

Facebook 按讚

1 秒變文青

★ 專業實用有趣
★ 搶先書籍開箱
★ 獨家優惠好康

不定期舉辦抽獎
贈書活動喔！！

五南讀書趣 Wunan Books

經典永恆·名著常在

五十週年的獻禮——經典名著文庫

五南，五十年了，半個世紀，人生旅程的一大半，走過來了。

思索著，邁向百年的未來歷程，能為知識界、文化學術界作些什麼？

在速食文化的生態下，有什麼值得讓人雋永品味的？

歷代經典·當今名著，經過時間的洗禮，千錘百鍊，流傳至今，光芒耀人；

不僅使我們能領悟前人的智慧，同時也增深加廣我們思考的深度與視野。

我們決心投入巨資，有計畫的系統梳選，成立「經典名著文庫」，

希望收入古今中外思想性的、充滿睿智與獨見的經典、名著。

這是一項理想性的、永續性的巨大出版工程。

不在意讀者的眾寡，只考慮它的學術價值，力求完整展現先哲思想的軌跡；

為知識界開啟一片智慧之窗，營造一座百花綻放的世界文明公園，

任君遨遊、取菁吸蜜、嘉惠學子！